THE PLAN
OF CHICAGO

Daniel Burnham and the Remaking of the American City

★

《芝加哥规划》

与美国城市的再造

[美国] 卡尔·史密斯 著 王红扬 译

译林出版社

图书在版编目(CIP)数据

《芝加哥规划》与美国城市的再造 /（美）史密斯（Smith, C.）著；王红扬译 —南京：译林出版社，2017.4
书名原文：The Plan of Chicago: Daniel Burnham and the Remaking of the American City
ISBN 978-7-5447-6064-5

Ⅰ.①芝… Ⅱ.①史… ②王… Ⅲ.①城市规划—研究—芝加哥 Ⅳ.①TU984.712

中国版本图书馆CIP数据核字(2015)第317771号

书　　名	《芝加哥规划》与美国城市的再造
作　　者	［美］卡尔·史密斯
译　　者	王红扬
责任编辑	熊　钰
装帧设计	瀚清堂
出版发行	凤凰出版传媒股份有限公司
	译林出版社
电子邮箱	yilin@yilin.com
出版社网址	http://www.yilin.com
经　　销	凤凰出版传媒股份有限公司
排　　版	南京展望文化发展有限公司
印　　刷	南京爱德印刷有限公司
开　　本	880毫米 × 1230毫米　1/32
印　　张	9.75
插　　页	4
字　　数	136千
版　　次	2017年4月第1版　2017年4月第1次印刷
书　　号	ISBN 978-7-5447-6064-5
定　　价	58.00元

译林版图书若有印装错误可向出版社调换
（电话：025-83658316）

献　给

芝加哥艺术博物馆

芝加哥历史博物馆

纽贝里图书馆

以及

西北大学学术技术部

目　录

001　　致　谢
005　　导　言

001　　第一章　《规划》之前的规划
019　　第二章　先驱与灵感
053　　第三章　规划者眼中的芝加哥
085　　第四章　万事俱备
113　　第五章　创制《规划》
137　　第六章　阅读《规划》
171　　第七章　推　广
197　　第八章　实　施
229　　第九章　遗　产

255　　参考文献说明
265　　索　引

致　谢

　　本书是2005年《芝加哥百科全书》（电子版）中的版本的改写版。两个版本的出版，都要衷心感谢芝加哥艺术博物馆、芝加哥历史博物馆（即前"芝加哥历史学会"，本书通篇仍以此名引用）、纽贝里图书馆和西北大学学术技术部。能够与这些机构和组织的杰出人士和研究资源一起工作，我感到特别幸运。这段文字是就与他们的长期合作对我个人和事业的帮助而写下的致敬，它微不足道，但情真意切。

　　有许多人都应该得到这份特别的敬意，他们为本书内容的选取、文字的准备提供了各种帮助。芝加哥历史学会《芝加哥电子百科全书》项目主任莎拉·马库斯的知识与技术为获取关键素材提供了至关重要的帮助，学会专职研究员莱斯利·马丁对学会丰富馆藏的令人惊异的掌握也起到了同样的作用。学会版权协调人罗博·麦迪那为影印件的提供给予了大力支持，格温·英纳特对原始文稿作了专业的审阅。詹姆斯·R.格罗斯曼，纽贝里图书馆负责研究与教育的副馆长，同时也是《芝加哥百科全书》的联合主编，以及两位芝加哥大学出版社的匿名评阅人，提供了许多有价值的编辑完善建议。西北大学的学生莎拉·安萨日、谢丽·博格、凯瑟琳·伯恩斯—霍华德、珍娜·卡尔斯、金伯利·科塞克、安德鲁·柯兰德、阿比盖尔·马瑟里、考特尼·泡德拉萨、凯瑟琳·舒马赫和米丽娜·扎沙德里恩作了出色的辅助研究。

芝加哥美术馆的慷慨帮助经由瑞尔森与伯纳姆档案管理员玛丽·沃尔利弗的协调实现。西北大学学术技术部的哈兰·瓦拉赫和斯蒂芬妮·佛斯特拍摄了芝加哥的现状照片以及插图中的《芝加哥规划》封面照，他们还对原电子版的创作提供了至关重要的帮助。同样要衷心感谢西北大学图书馆查尔斯·迪尔灵·麦克考米克特别收藏馆监护人R.拉塞尔·梅隆和VOA建筑事务所创始首席韦尔蒙特·维克里。芝加哥历史学会执行副主席和首席历史学家拉塞尔·刘易斯、西北大学学术技术部主任罗伯特·泰勒和芝加哥美术馆图书馆部主任杰克·佩里·布朗监督了各自部门为本书所提供的帮助。

我要特别感谢加州大学洛杉矶分校珍妮丝·L.赖夫教授首先建议了本项目，以及她的《芝加哥百科全书》

的两位联合主编，北部中心学院的安·德金·基廷教授和詹姆斯·R. 格罗斯曼对项目的持续鼓励。西北大学的布莱恩·M. 丹尼斯教授是项目早期阶段一位杰出的同事。我还想要感谢芝加哥大学出版社的罗伯特·P. 德文斯建议出版此书，他付出了很多努力才使这本书得以付梓，并要感谢高级文稿编辑艾琳·德·威特出色的编辑工作。我要感谢的，还有芝加哥大学出版社"芝加哥愿景与修订"系列丛书（Chicago Visions and Revisions series）的编辑朋友们把本书纳入这套丛书的热情，他们是波士顿学院的卡洛·罗泰勒、西北大学的比尔·萨维奇和耶鲁大学的罗伯特·B. 斯泰伯托。和往常一样，珍妮·S. 史密斯全程提供了精神和专业知识方面的重要支持。

xiv

导　言

　　1909年版《芝加哥规划》（后文在频繁出现时简称《规划》），更为人熟知的名字是"伯纳姆规划"（以主创规划的建筑师和城市规划师丹尼尔·H.伯纳姆的名字命名），是城市规划史上最引人入胜和最重要的文献之一。它的引人入胜，源于其触动人心的话语和精美的插图，它们富于想象力，生动直观，两者共同让读者相信规划思想的价值。伯纳姆和他在芝加哥商业俱乐部（其成员是该城市的顶尖商人）的合作者们毋庸置疑地指出，喧嚣的芝加哥必须得到彻底改造，而一座更好城市的创造触手可及。《规划》的重要性体现于这样一个事实：它帮助说服了当时和之后如此众多的民众（包括一些批评者）接受了这一观点。

　　《规划》用实例证明了城市社会的精英们一直有着把自己的城市变得更加宏伟有序的愿望，同时也反映了特定历史时期的特征。19世纪是城市化和工业化的时代，特别在美国和西欧。从1800年到1900年，美国居住在城市区域（在联邦人口普查中被宽泛地定义为居民超过2 500人的地方）的人口的比重由刚过3%急剧上升到差不多40%（同期总人口从5 308 483人上升到76 212 168人）。全国最大的城市纽约，在此期间人口由60 515人爆炸式地增长到了3 437 202人（或者说超过了全国人口的4.5%）。到1900年，已有38个地方拥有10万以上的居民。但美国最突出的城市现象是芝加哥，它在1830年还仅仅是个一百来人的小村落；十年以后，它的居民数达到4 470人，这让它成为全国第92大城市；1890年，这一数字增长到1 099 850人，排名上升了90位。到1910年，《芝加哥规划》出版一年后，统计居民人数达到了2 185 283人。

现在回过头看，我们很难理解世纪之交的芝加哥的不完善和粗陋，事实上，当时这座城市的经济和社会基础，以及很多物质特征，都已被较好地建立了起来。它可以（并且事实上的确如此）为众多令人印象深刻的文化机构以及刚刚成功举办的1893年哥伦布世界博览会而感到自豪，但是，芝加哥在总体上仍然还是缺乏管理。城市的大部分地方肮脏、丑陋、不堪入目，烟尘污染和问题重重的卫生设施令人厌恶并威胁着健康，穿越城区的货物和旅客运输缓慢而不便，多条铁轨形成的廊道把密歇根湖南部城区的大片地区（包括城市商业中心区）与湖滨分隔开来，许多街道的路面还未得到铺设。大量劳动者居住在边缘的，有时甚至是令人绝望的环境中，这使得阶级对立和劳工暴力一点都不罕见，虽然它们也从来不受欢迎。历史学家和文化分析家亨利·亚当斯被这座城市、这场世博会以及它们内部和相互间的强烈对比所震撼，并因此发表了著名的评论："1893年的芝加哥首次提出了这一问题：美国人民是否知道他们正在驶向何方？"

《芝加哥规划》试图回答这个问题，至少是在城市这一方面。通过这样做，它与同时代的其他作品一起，为理解和提升芝加哥做出了努力。这里有两个例子：厄普顿·辛克莱尔的《丛林》仅比《规划》早三年出版，简·亚当斯的《赫尔之家二十年》在它之后第二年出版。虽然它们对芝加哥的评估以及改造建议与《规划》有很大的不同，但是所有这三本书的作者都面临着相似的一组关切：有没有可能不仅确定城市演变的方向，而且还做出大的改进？更确切地说，城市有没有可能在被改造得更加有序、美观和人性化的同时，又不让那些推动它的活力被扼杀？经济利益、公共利益和人的需要有没有可能得到协调？甚至，芝加哥有没有可能变得不仅更加平等，而且比世界上任何其他的伟大城市（包括历史上的和当代的）都更加卓越？

《芝加哥规划》对所有这些问题的回答是一个非常确信的"是"。它雄心勃勃的计划，以及对这个计划不容置疑的信心，典型地反映了进步主义时期具有公民意识的商人们的信念，他们坚信重塑美国城市很有必要，也坚信自己有能力通过理性的改革来实现这一目标。芝加哥商业俱乐部对城市的愿景在《规划》中得到了清楚的体现，没有他们积极而深入的参与，《规划》不可能产生。但是如果没有丹尼尔·伯纳姆全身心投入他的经验、智慧、创造力、活力、决心和人格魅力，商业俱乐部也不可能承担起这个项目，《规划》也绝无可能拥有如此显赫的地位与权威。但在另一方面，《规划》既展现了商业俱乐部和丹尼尔·伯纳姆的洞见，也反映了他们的保守性；既揭示了他们对城市的信念，也体现了他们自身的价值取向。这方面，同样，《芝加哥规划》是对它的时代和思想源头的反映，那是任何人都无法超越的，无论他的眼光有多么长远。 xvii

第一章

《规划》之前的规划

甫一开篇，《芝加哥规划》就确立了它权威性的话语方式，并提出了它的前提假设。它宣称，城市化是现代性的一个决定性条件。城市当前经历的增长是史无前例的，与此相同的是财富的增长与民主的进步。但是，"城市的无序增长"导致过度拥挤和阻塞，"既不经济也不令人愉快"。因此，《规划》指出，"实干家们开始将注意力转移到如何能使城市变成一种更有效的工具，以为它的全体人民提供尽可能最优的生活条件"。就芝加哥而言，它突然崛起为一个重要都市，只是拉开了它争取自身应有的作为美国和世界顶级城市的地位的序幕。然而，这个目标能否实现，取决于这座城市能否用正确的图景和意愿，来约束和引导那些强大而又迥异的物质和社会能量，这些能量创造了这个巨大的城市，而现在也正毁灭着它。芝加哥奇迹般的发展已经导致了"快速增长，以及尤其是缺乏共同生活传统或习俗的多民族人口的拥入所伴生的混乱"。

《规划》在前两章之后解释道，芝加哥的崛起如此突然，很多事情超出了市民们所能理解和控制的范围。在七十五年里（这也是一个人一生的时间），这个原本居民寥寥的边界地区爆炸性地成长为一个近200平方

1

英里，居民超过200万的大都市。城市的扩张"如此迅速，以至于根本不可能去规划大量拥入的人口的经济布局，他们如汹涌潮水般流向任何有利可图的地方"。现在，共同的利益要求芝加哥人将目光从有限的个人事务转移到他们共同生活的城市建成环境的根本结构和组织上来。一个旨在创造"有序而便利的城市"、内在逻辑连贯而具有强制性的战略，是绝对"不可或缺"的。这些话，像《规划》中许多其他段落一样，从该书1909年7月4日出版开始，就一直激发着读者的灵感。这个出版日期的选择也值得注意，因为《规划》正是一个独立宣言——旨在从一种在规划编制者看来是自我强加的无序发展的暴政中独立出来，这种暴政不仅威胁了财富，甚至还威胁着城市居民的生命与神圣尊严。

但是，芝加哥此前从未有过任何规划吗？实际上，到1909年为止，芝加哥已经成为很多规划的地点。虽然这座城市对专注于短期收益的投机者来说一直充满了诱惑，但是早在1830年代，它已被持续关注未来的人们所重视。这并不是说他们不追求短期（乃至缺乏远见）的目标，但是他们一直积极地争取着创造一座他们眼中的更好的城市，因为他们相信——《规划》的编制者们秉持同样的信念——从整体上提升芝加哥，将使生活于其中的每一个人受益。

这片土地和那个时代回报了芝加哥人发展自身及其城市的财富的努力。现代芝加哥得以成长，有赖于它所处的区位：大湖流域的西南边缘，扼守进入密西西比谷地和大陆腹地的要冲。矛盾的是，这种环境的最显著特征，恰恰在于它没有任何显著特征。从湖区向四面伸展开去的坦荡平原邀请着最雄心勃勃的蓝图，因为几乎没有明显的自然门槛能够阻碍蓝图的实现。《规划》观察到，平原和湖泊，"每一个都渺无边际"，这表明了芝加哥可能的尺度。"人类在这里开辟任何事业，"《规划》进一步指出，"事实上或者看起来都应该不会受到空间的限制。"不过虽然欧洲移民早在1670年代就认识到了这个地区的前途，潜力的实现却必须要等到合适的历史时刻。这个时刻在南北战争前数十年到来，美国工业、交通与通讯的革命开始了。

这些发展推动形成了国内国际日益网络化的自由市场经济、跨国移民和国内人口流动的大幅增加，以及一种对未来极度乐观的浮夸风气，这是一种民族性的对自身命运的坚信不移在当地的表现形式。在1850年，芝加

2

3

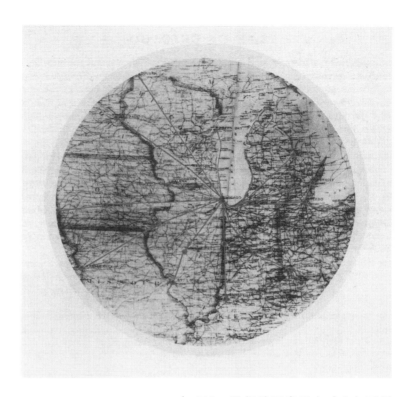

图1 这幅地图出现在《芝加哥规划》第3章第1页。它表现了芝加哥"与中部七个州(即俄亥俄、印第安纳、密歇根、密苏里、爱荷华、明尼苏达、威斯康星,以及伊利诺伊州其余地区)的位置关系"。在《规划》中标为红色的放射状线条强调了芝加哥与该地区较小城市的联系是多么便捷。芝加哥历史学会(ICHi–39070_3e)。

　　　　　　　　　第一章 《规划》之前的规划

图2　这是那张表现1871年芝加哥大火造成的毁灭性破坏的地图的第三版，它是由圣路易斯的R. P. 斯塔利公司出版，其所得收益被捐给了火灾受难者。这张地图有很多版本。此版本的正北方朝向右边。大火的起燃点靠近西区奥莱利夫妇小屋的后方，地图在左上方用点标出。这张地图不仅形象地表现出了破坏的程度，而且体现了大火在北移和东移过程中如何越过芝加哥河南支流和主河道，并因此摧毁了市中心和北区大部分区域。芝加哥历史学会（ICHi–14894）。

哥还只是3万左右居民的家园，仅仅二十年后，这个数字变成了之前的十倍。1871年的大火烧毁了将近三分之一的城区，包括商业中心区和北部大部分地区。但芝加哥很快得以重建，这要感谢当地居民的激情和潮水般涌入的外来投资——投资者们相信，美国需要这个中部的商业中心。但所有这一切都不是一帆风顺的。从金融危机（它常常不可预料地与繁荣交替发生）到经常演变为暴力的社会经济冲突，严重的混乱一直伴随着这座城市从19世纪后期到20世纪早期的发展。

在这整个过程中，规划在哪里？还是市场力量这只看不见的手打理着一切？J. 保罗·古德是芝加哥大学的地理学教授，他在1923年于菲尔德博物馆向芝加哥地理学会所作的一次被恰当地题为"芝加哥：命运之城"的重要演讲中指出，城市的区位优势，以及当地居民理解和运用这些优势的能力，决定了芝加哥的辉煌是必然的。三十二年以后，哈罗德·M.梅耶，另一位芝加哥大学地理学教授，基于同样的预言，丰富了古德的观点。梅耶题为"芝加哥：等待决定的城市"的演讲由引用五个精心策划实施的行动开始，这些行动"推动着［芝加哥］向着成为中西部大都市的命运前进"。这五个行动包括1785年联邦《土地法令》的施行，这份文件让芝加哥（以及许多其他城镇）建起了方格网街道体系；1803年芝加哥河口迪尔伯恩堡的建立，以及铁路线网建设的选择，使芝加哥成为了历史学家威廉·克罗农所说的工业化东部与农业腹地之间的"门户城市"。这里有意思的是，梅耶的另两个例子，是《芝加哥规划》的创制以及"让规划在芝加哥持续运作的决定"。

梅耶认为这五个决定的挑选"多多少少会有些武断"。他承认他本也可能选择一定数量的其他例子，其中包括很多后来他和合作者理查德·C. 韦德在《芝加哥：一个大都市的成长》（1969）中所描述的发展项目。这些项目包括：切开阻挡芝加哥河入口的沙洲，并在切口处修建港口，两个项目都完成于1833年；稍后驱逐美洲土著；受到热切期盼但经过长久延期才得以建成的伊利诺伊与密歇根运河，最终是在1848年才被投入使用；抬升城市地平面，建立综合供水系统，这两项工程都在1850年代开始启动；建立南部公园、西部公园和林肯公园，以及连接它们的林荫道系统，这在1860年代后期开始；以及1890年代经过几次早期尝试后，对芝加哥河流向实现的成功逆转。所有这些项目都必然有规划相随，因为它们都需要长期协调的努力，并且通常要求直接或间接的公共参与、许可和财政支持。芝加哥还是几个大型私营资金规划项目的实施地，包括1865年启用的联合货场，1880年代普尔曼模范市镇的建设，1905年中央制造业区的创建。如同《规划》在描述自身目的时所说，所有这些项目，目标都是"既要预见未来之需，又要解决当务之急"。

规划意识在芝加哥根深蒂固，其程度超越了任何个例。一个没有多长历史的城市（至少在那些祖先并非美洲土著的人们看来如此），呼唤并要求规划。将芝加哥同纽约以外的其他美国主要城市区别开来的事情之一就是，到1890年，芝加哥在人口方面实现了对所有这些城市的超越，并且只花了相对很短的时间。或许芝加哥的确拥有某些历史，但它们通常都被市民们忽略了，因为他们没有感到自己与之有什么关联。整个19世纪，芝加哥的绝大多数居民，如果不是从外地迁来的话，就是父母在外地出生和长大。通常，这个"外地"是指一个不同的、遥远的国度。如果说到这个城市的商业和社会精英大部分都是在美国本土出生的，那么他们也多半是从美国其他地方到芝加哥来的。

图3　芝加哥因其泥泞低洼的地势而被垫高了数英尺。一些建筑不但被抬高，而且还被移往别处。这张被建筑承包商用作广告的画，表现了1855年的莱克街，背景处正在施工，而来自世界各地的路人似乎对此并不在意。爱德华·孟德尔，芝加哥历史学会（ICHi-00698）。

即使到了20世纪早期，在《芝加哥规划》已经出来之后，精英中的多数仍然是从外地来到芝加哥，并通过自我奋斗成长起来的，虽然这些商界先驱的孩子们正开始更多地承担起领导角色。对城市人口中的相当一部分人来说，迁到芝加哥并把自己与这座城市的未来联系在一起，是他们向往成功的人生规划中的核心。实际上，很少有地方有如此强的机会主义风气。这不是一种巧合——芝加哥以"芝加哥交易所"的形式创造了现代交易市场，在那里未来本身（期货）都可以被买进卖出。同样符合这座城市个性的，是房地产开发商会在人烟稀少的地区购买土地，因为他们憧憬着未来的增长几乎必然地将使投资得到回报。

在美国也没有任何其他地方热衷于如此毫无顾忌、极尽溢美地吹捧地方发展前景。在数不清的吹捧芝加哥发展前景的演说、小册子中，很少有超过《芝加哥：过去、现在和未来》这本大部头的，它的副标题是"与广阔内地和整个大陆的关联"。此书首次出版于1868年，作者约翰·S. 莱特1832年在十七岁时从马萨诸塞州西部来到芝加哥，当时他还不到二十一岁，就在房地产投机中赚得了第一桶金。莱特进行过一次人口普查，编制了芝加哥最早的地图之一，并且自己花钱建造了当地第一所公共学校。莱特从房地产中赚取的利润在1837年的经济危机中化为乌有（二十年后他又在一次对新型收割机的投资中遭受了损失），但他对这座城市的未来的信念从未动摇。在比J. 保罗·古德给地理学会的演讲早得多的时候，莱特就提出，芝加哥的伟大是放在造物主的心上的。"就像阳光一样透明，"他说，"对伊利诺伊、威斯康星、明尼苏达、爱荷华、北密苏里以及印第安纳与密歇根的部分地区而言，这座城市必须是商业中心。"类似地，莱特宣称，在美国所有的西部城市中， 7 芝加哥的"发展前景最为确切无疑"。谈到这座城市没有特别的地形特征，他补充道："从来没有一个地方像这里一样，天然就如此完美地适合于建造一座伟大的商业和制造业之城。"

人们可以把这些话当成夸大其词，然后一笑而过，只不过事实上它们都是对的。据报道，1861年莱特预测城市人口将在四分之一世纪的时间里达到100万，这一预测与实际情况仅仅相差四年。莱特的主要观点就是，无论有怎样的暂时的挫折，芝加哥的进步不可阻挡。"未来"，这件芝加哥最值钱的商品，将会变得越来越大、越来越好，而且它将属于那些最充分理解它的潜力的人（这些潜力就存在于古德列出的那些因素中），那些懂得像梅耶所描述的那样用行动来果断而坚决地把握机会的人。马克·吐温在《密西西比河上的生活》（1883）中写道，在芝加哥，"人们总是在擦亮神灯，唤出魔仆，设想和实现新的不可思议！"对偶尔的造访者，吐温说，芝加哥永远都是"新奇的"，因为"她从来都不会是那个上次你曾经过的芝加哥"。

不少人早在《芝加哥规划》出版之前就预见了规划的断言：在匆忙之中，芝加哥人的建设非常粗糙，缺乏足够的规划。著名景观建筑师弗雷德里克·劳·奥姆斯特德在芝加哥大火发生后，在《国家》报上将破坏的严重程度归因于仓促而低劣的建设，还有多位其他观察家也抱持同样观点。奥姆斯特德当时刚刚设计了南区的杰克逊公园和华盛顿公园，还有里弗赛德精致的郊区，并将在二十年后成为《规划》作者丹尼尔·伯纳姆1893年芝加哥世界博览会项目的主要合作者之一。他写道，芝加哥"缺乏'大手笔'"，却热切地"想象自己正在赶超纽约"，这虽然不是这场灾难的直接原因，但却间接引发了它。这一观点得到了当时《国际芝加哥》的编辑们的赞同，他们认为大火揭示出，城市"最迫切的需要是对发展的控制、自我约束和稳健克制，这些要从经验中学习得来"。这里提到的这些品质，当时没有一样在芝加哥流行。

到了19和20世纪之交，很多观察家都在批评当时城市（包括芝加哥）的基本管治理念，认为规划（如果确实算是）仅仅是吸引和支持更多私有商业投资来扩展城市基础设施而已。批评家们认为，把未来交给房地产开发商、项目工程师以及眼睛几乎总是盯着手边事务的大部分公务人员，这是很坏的政策。有太多的例子说明，这些人最关心的，是如何尽快、尽可能便宜地把一个特定项目完成，而不是这个项目未来将要使用多少年，或它对城市整体有什么影响。尽管到1880年代芝加哥已经在城市建筑方面享有声誉，但是绝大多数出色的设计师只负责了少量的建筑，而且在他们设计单体建筑时，并不怎么考虑更大的环境因素。

一些认真思考的芝加哥人抱怨他们的城市同胞只会从数量而不是质量上衡量城市的发展，而且很少关注他们的个人财富以外的东西。结果，芝加哥很不幸地成了这样一个城市：大多数来这座城市的人都是为了工作和

8

投资，而不是为了生活，他们自己建立的城市证明了这一点。这座城市有一位深刻而敏锐的社会观察者，那就是记者和小说家亨利·布莱克·富勒，他在这座城市出生和成长，但一直不能习惯它的浮夸风气和专断的企业主习性。在1897年《大西洋月刊》一篇有关芝加哥的文章中，富勒不无遗憾地对城市建成环境评论道："拥有了一张白纸，我们却用粗陋、匆忙、错误百出的速写玷污着它。多希望我们有机会能够彻底推翻自己从头来过，把由我们支配的这张纸，最终绘制成一幅我们能够期望得到的品位高雅的图画。"在富勒的小说《前进中》（*With the Procession*，1895）里面，一个被有意命名为"安慰俱乐部"的具有公民意识的群体聚集在一起，讨论与他们"突如其来的巨大城市"相关的事务，一个成员悲伤地说："我们所工作的这个城市有一个奇特的不利条件：它是世界上仅有的所有市民都毫不掩饰他们是为了赚钱这个共同目标而来的大城市。"

《芝加哥规划》综合了人们熟悉的对未来的极度乐观，以及奥姆斯特德、富勒及其他一些人的审慎。一方面，它包含了约翰·S.莱特风格的一些段落，比如它直白地宣称："芝加哥正面临着一个重大事实：五十年后，当今天的孩子达到他们权力和影响的巅峰时，这个城市将比伦敦还大，也就是说，它会超过现有的任何城市。"另一方面，它强调城市的成功既不能也不应当仅仅由它的规模来决定，未来也不会自己照顾自己。虽然芝加哥的增长超过了哪怕是最乐观的估计，但现在是时候需要我们重新思考城市文明的真谛。幸运的是，《规划》说："芝加哥的人民已经不再沾沾自喜于城市的快速发展或规模之大，现在他们反复追问的是：我们生活得怎样？"《规划》断言，这个问题的答案不是一遍遍去下保证，而只能是恰当地行动起来，去证明富勒的悲观主义的错误，并成功地再造我们的城市。 10

l

第二章

先驱与灵感

《芝加哥规划》当然不是从石头里蹦出来的，它的创造者们也从未这么说。在第二章"古代和现代的城市规划"中，《规划》向从古至今一系列的城市建设或改造者们表示了敬意。这样做一方面是为了教育读者，但更主要是为了将规划的想法置于伟大先驱者们的传承之下，以此来提高自身的权威性。比如，《规划》盛赞了公元前5世纪主持了卫城建设的政治家伯里克利治下的雅典的精美和优雅，也赞扬了罗马建筑的宏大与荣光，以及该城对管道系统和卫生设施的重视。通过将自己的建议与这些举世公认的城市规划的成就联系在一起，《规划》不露声色地宣示了自己也是出类拔萃的。

　　不过，被《规划》视为城市规划和再设计的最佳典范的城市是巴黎，其精致的规划管控建立了文明城市的标准。《规划》告诉我们，巴黎的规划满怀激情地开始于17世纪路易十四统治期间，他的建筑师们布局了"规模宏大的宽阔道路与林荫大道系统，这些对于今天所有最美丽的城市而言，都已经成为最引人注目的特征"。在《芝加哥规划》看来，特别值得指出的，是建筑师们极具前瞻性地在那些当时还没有多少居民的地区建设了广场、公园和大道。芝加哥的规划师们写道："对我们来说最有意义的一点就是：随着人口的增长，巴黎这座城市是在基于一个极具创意、各方面均衡完备、细节考虑周全的规划而成长。"唯恐读者仍然没有抓住这一点，《规划》又加了一句："我们所需要指出的不过是以下事实：类似的机遇正摆在芝加哥面前。"

《规划》赞扬拿破仑·波拿巴尊重并延续了巴黎的规划传统，但是真正的英雄是欧仁·奥斯曼，拿破仑三世的塞纳行省长官。《规划》认为，奥斯曼的工作的重要性和出色之处有三个方面：首先，他的工作是一次全面综合的努力，它分解了一个现实中的大城市，然后又将其恢复为整体；其次，他的设计兼顾了审美的高标准和高人口密度的现代商业中心的功能需求；第三，他领导了整个规划，从设计到最终建立起伟大的城市秩序。自1850年代起，正如《规划》希望在芝加哥所做的那样，奥斯曼承担了"这项伟大的工程：打开旧的城市，让阳光和空气进来，让城市更适合于商人和制造业者的生存与发展，是他们使巴黎成为今日的工商业中心，同时也是文明的中心"。《规划》对奥斯曼的刻画其实正是《规划》主创丹尼尔·伯纳姆对自己之于芝加哥的角色的期望：一个切合实际的城市预言家和理性主义者，拥有无懈可击的品位、正直、决心与天才。"似乎是凭借直觉",《规划》在描述奥斯曼时写道,他"把握住了整个问题。他从不出于权宜或妥协采纳建议,永远是在寻找真正正确的解决方案。在他看来,巴黎是一个高度组织化的整体,他竭力为整个城市系统创造最理想的条件"。

之后,《规划》考察了在它看来是同时代欧洲成功规划的其他案例。它表扬了若干城市,但唯独将伦敦拎出来作为一个值得注意的反面教材,认为它浪费了多次提升城市建成环境的机会,这要从1666年伦敦大火之后未能将城市的未来托付给一位卓越的建筑师算起,当时这座城市没有采纳克里斯托弗·雷恩爵士的重建规划。然后《规划》转到美国,对乔治·华盛顿总统睿智地委任法国出生的工程师、建筑师皮埃尔·夏尔·朗方来设计以开国总统名字命名的新国家首都的做法予以肯定,并赞扬朗方的规划为美国政府提供了一处庄严的场所。例如,《规划》非常钦佩朗方以多条对角线大道切过基本的矩形方格路网的做法,它创造出了富于戏剧性的公共建筑对焦点。

12

要理解"《芝加哥规划》是对长期的规划遗产的传

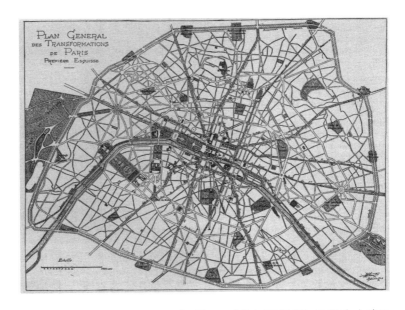

图4 《芝加哥规划》用这个由法国建筑师、城市规划师欧仁·埃纳尔提出的关于改善巴黎交通模式的提案，作为大胆而富有想象力的综合规划的典范。埃纳尔于1889年至1900年间参与巴黎世博会工程，他为1889年世博会设计人群游览路线的理念影响了1893年芝加哥世博会的设计。埃纳尔的《巴黎改造的研究》于1903至1909年间分几册陆续出版。他提出的理念还包括被许多城市用于繁忙交叉口的单向交通环道。这样的例子在芝加哥并不多见，除了环形换乘枢纽是一个有名的例外。芝加哥历史学会（ICHi–39070_2q）。

第二章 先驱与灵感

承"这一点，不妨尝试将其放回当年的时空里，来看看它是怎样建设性地丰富了世纪之交一直持续的有关城市美国应该向何处去的讨论，这样做也许更能说明问题。当时，芝加哥和其他城市面临着同一个紧迫的问题：通常丑陋而肮脏的工商业都市，是否应该并且可能经由协同而富于智识的行动而变得更好？这一时期见证了数百家声称致力于改善城市生活，要使城市变得更有吸引力、更健康、更高效的地方性和全国性公民协会的创建。

这些组织的领导人和成员一般都是本土出生、事业有成，他们的一些想法反映出了他们的阶级成见，但也反映了他们对城市设计的关切。工人阶级移民的出现及其上升的政治力量令他们感到不安，尽管他们知道城市经济的繁荣有赖于前者。特别为他们敲响警钟的，是当时的劳工斗争似乎威胁到了城市社会的稳定，最触动人心的例子包括1886年的秣市广场爆炸事件和1894年的普尔曼大罢工，两起事件都发生在芝加哥。

如果说市政"改良者"们倡导的一些新的独立团体的创建反映了对地方政府和当选官员的不信任，但实际上后者身上也有不少积极因素。例如，1889年，为了改变芝加哥河的流向，伊利诺伊州立法机构授权建立芝加哥卫生区。这一举措反映了一个观点——也是《芝加哥规划》的一则信条：在处理城市基础设施问题时，区域性而不是地方性的思考至关重要。雅各布·里斯的《另一半怎样生活》（1890）揭露了贫困移民恶劣的居住条件，呼吁对房屋租赁立法。尽管这本书聚焦纽约，但它让整个国家满怀同情地认识到，许多反社会行为的源头，正是人们被迫接受的恶劣生存环境。对许多决心要改善城市生活的中产和上层阶级美国人而言，有效行动的关键在于，要委托专业人士（人们认为他们是客观的）制定进步主义的改革与管理议程，包括对政府的改革，对重大商业利益的管控。

　　第一个重要的进步主义城市规划运动是人们俗称的"城市美化运动"，丹尼尔·伯纳姆是其中的中心人物。这个运动的倡导者呼吁，要像奥斯曼当年在巴黎所做那样，重塑城市的环境，把城市变成如他们所理解那样：各个部分被设计得更加美观、统一和高效，并由景观优美的街道和林荫大道衔接。为这种庄重的城市景观增添雅致的，将是宏大的公共建筑，最好是新古典主义风格，如果可能的话，还会有一座宏伟的市政中心。正如坏的城市环境会将被迫居住其中的人们身上最恶的部分催发出来，一

14

个堂堂正正表达了文明和秩序之价值的城市环境，也会反复传递这些理念，从而引出人性中最善的部分。这样一种环境还会在城市多样性的人口中激发出社区感，进而减少社会冲突，提高经济生产力。

城市美化运动的倡导者们清醒地意识到，美国的城市不能只是用来做秀的——因为毕竟这些城市中心都是商业实体，是被创造出来满足工业资本主义的需求的。他们相信，不仅一座城市可以同时拥有魅力和效率，而且一座美丽的城市会比一座不怎么样的城市更好地承担城市功能。这场运动没有直接针对人们注意到的各种社会恶疾和不平等，而是对市政艺术——体现在华美的公园、建筑、林荫道以及装饰着喷泉和雕像的公共集会空间——所具备的和谐功能表示了坚定的信心。尽管很多阐述和支持城市美化运动思潮的人们真诚地相信，他们的目标是去帮助提升城市生活，但是这样的指控也不无道理：他们的思路是一种自上而下的精英主义逻辑，表达出他们因为自身利益而对多元化的城市民主存有疑虑，希望将他们自己想要的有序都市的愿景强加给移民和工人，以期实现社会控制。

针对美国城市，尤其是芝加哥，当时的其他方案试图直接解决美国都市化发展中有问题的方面。有几个方案揭示出了问题的紧迫性，它们的倡导者都相信，必须主动采取行动。其中一种城市"问题"的"解决"方案，是彻底重建全新的城市社区，有时是在紧邻旧社区的区位上。乔治·普尔曼1880年代早期在海德公园兴建的普尔曼社区就是这样，它位于芝加哥城区边界以外。普尔曼社区包括雇员住宅、零售商业区、一个图书馆、一座剧院，甚至还有一座教堂，以及一座巨大的现代化工厂。尽管普尔曼社区为工业城镇的组织和建设提供了一些经过认真考虑的创新举措，它们通常很巧妙，并且基于是出于善意，但是深刻的社会、经济和政治分裂（这在反响巨大的1894年罢工事件中可以得到反映），导致这类私人所有和运营的公司项目，还是被抨击为意在压制工人权利和城市民主。

15

一些社会评论家和活动家，注意到了城市生活本身的功能紊乱性质。他们受到这一点的提醒，建议要在现有城市中采取更激进的动作。这方面的许多想法和行动同样属于《芝加哥规划》这类对美国城市生活的探索性作品。发生在距离芝加哥市中心仅仅几个街区的秣市广场爆炸事件是一系列痛苦事件之一，它触发爱德华·贝

图5 这幅普尔曼社区地图和景物画以主要工厂和镇上的佛罗伦萨宾馆为主体,刊登在1885年2月的《哈勃新月刊》上。该工厂位于现在的第一百一十一街北侧,镇区位于其南侧。图上最右边可以看到一些为雇工建设的住宅。西北大学图书馆。

拉米创作了小说《回望》（1888）。贝拉米描写了一个
2000年的乌托邦的波士顿，并预见了城市美化运动和
《芝加哥规划》。这本书的巨大销量说明贝拉米写到了
人们普遍关心的东西，他所重构的波士顿包括"数英里
的宽阔街道"，"浓荫遮蔽，华屋列阵"，城市的每一
部分缀有"大型开敞广场，其中遍植树木，间有雕像和
喷泉在向晚的阳光下炫目耀眼"，"规模宏大"、"雄
伟庄严"的公共建筑赏心悦目。城市的物质空间是其社
会和谐的客观化，一些芝加哥人更直接地介入城市社会
生活问题。1889年9月，简·亚当斯开始了她一生的事
业——位于近西区的赫尔之家社区。到《芝加哥规划》
出版时，这个社区已经成长为一个有13幢建筑的综合
体，并举行了数十次活动意图阐明亚当斯的信念（贝拉
米也表达过这一信念）："社会有机体已经分解为我们
巨大城市的大型街区。"

那些相信力量（而不是理解）才是现代城市"问
题"的"解决之道"的芝加哥人则建立起了迥异于赫尔
之家的城市机构。在赫尔之家社区启用几年前，商业俱
乐部这个后来要委托丹尼尔·伯纳姆和爱德华·本内特
编制《芝加哥规划》的组织的成员们，成功游说联邦政

图6　在《规划》所处的时代，在查尔斯·J. 赫尔故居周围聚集了很多设施，形成了赫尔之家的雏形，包括住宅、一个厨房和餐室、一座礼堂、一个咖啡吧，以及女性俱乐部、儿童活动楼和健身房。巴恩斯—克罗斯比，约1905—1010年，芝加哥历史学会（ICHi–19288）。

府建立了一支永久性的联邦军卫戍部队，以保护芝加哥（以及他们自己）不遭受"内部反政府暴乱"——劳工和阶级暴力的委婉说法。为了促成这一努力，他们捐赠了后来成为谢里登堡的那块地，它位于城市以北约30英里处。芝加哥还参与了一个在美国城市中建造实质上是地方兵团要塞的运动。伯纳姆和他的合作伙伴约翰·维尔邦·鲁特的公司在1880年代后期被委托设计雄伟的"第一团军械库"，其地址被战略性地选在密歇根大道和第十六街的交叉口，处于城市中心和好几个商业俱乐部成员居住的草原大道豪华街区之间。

18

但是，《芝加哥规划》最重要的先驱和灵感不是来自别人，而是丹尼尔·伯纳姆自己。如果说伯纳姆作为城市规划师的职业生涯的巅峰成就是芝加哥规划的发表，那么他的成功的开始却是1893年的哥伦布世界博览会，在那以后才是后续规划生涯的发展。伯纳姆指导了这场所有世界博览会中最成功案例的设计和建造。《芝加哥规划》称这个博览会是"这个时代我们国家对公共空间和建筑进行大规模有序安排的开始"。作为整体的世界博览会，特别是博览会的"荣誉广场"（装饰着雕像的巨大展厅群环抱着大型的水池），是一个文化里程

图7　第一团军械库，从建成（1890
年，此照摄于1891年）到拆除经历多
次更名，位于密歇根大道和第十六街
交叉口西北角，直到1968年。芝加哥
历史学会（ICHi-19108）。

碑，它使城市美化运动的原则成为城市设计的标准，其核心是兼顾效率和审美，仔细协调不同要素。弗雷德里克·劳·奥姆斯特德的场地设计既强调功能，也强调视觉美观，它预见了可能的不同类型人流模式，整合了几种不同的交通方式。展会建造者在管道系统、垃圾清运等方面投入的精力与在恢弘重大的展览上投入的不相上下。正如将久负盛名的法式新古典主义建筑风格尊为城市美化运动的标准建筑语汇，展会同时也引入了最现代的技术，如电灯照明，它令夜晚到荣誉广场的参观者目眩神迷。

有评论者（最引人注目的是与伯纳姆同为芝加哥建筑师的路易斯·沙利文）将博览会的设计视为对该市在现代建筑方面成就的背叛及对商业利益的屈服。在回忆录《管见自传》中，沙利文痛斥博览会"赤裸裸地展示了居高临下、自以为是的伪专家的自吹自擂，并伴有对堕落物欲的高明推销"。敏锐的建筑评论家蒙哥马利·斯凯勒以更审慎的语调，赞扬了展会统一的设计，但抨击说石膏般的建筑仅仅是一种令人愉悦的幻象，与背后喧嚣的都市没有什么关联。"古希腊建筑是一回事，"斯凯勒评论道，"而美国建筑是另一回事。"

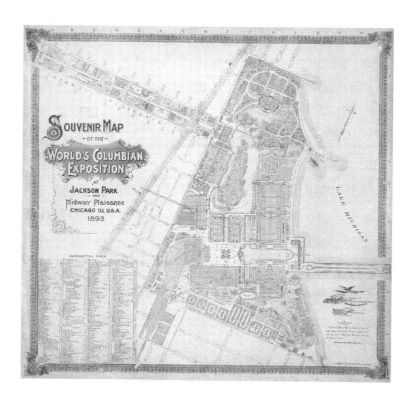

图8　芝加哥世博会场地中央集合了一些巨型建筑，它们围绕在荣誉广场的水池周围，大约在第六十四街至第六十六街之间的滨湖地带。展览场地最北面是美术宫（或美术画廊），它后来成为菲尔德哥伦布博物馆，现在则是科学与工业博物馆。西面的第五十九街至第六十街之间是中途乐园的游乐设施，包括第一架摩天轮。赫尔曼·海茵茨，1893年，芝加哥历史学会（ICHi-27750）。

图9 这张荣誉广场西端的照片是朝着东南方越过水池向农业大厦拍摄的,机械会堂在大厦右侧,机械会堂前方是雕塑家弗雷德里克·麦克蒙尼斯创作的哥伦布喷泉。水池东部更远的地方是丹尼尔·切斯特·弗兰奇(他后来创作了华盛顿特区林肯纪念堂里的林肯塑像)的雕像《共和》。查尔斯·达德利·阿诺德,1893年,芝加哥历史学会(ICHI-18013)。

　　　　　　　　　　　第二章　先驱与灵感

但是没有人能够否认博览会对于其后十六年中伯纳
姆参与的几个先锋性城市规划项目的重要性。《规划》
引用了这些项目来说明博览会的影响，但极少提及伯纳
姆自己的名字，这可能是为了表现得公正无私或客观，
或者不想看起来不够谦虚。伯纳姆的第一个城市规划项
目是为参议院公园委员会所做，同事包括纽约建筑师查
尔斯·F.麦金、小弗雷德里克·劳·奥姆斯特德以及雕
塑家奥古斯都·圣高登等。麦金、圣高登以及小奥姆斯
特德的父亲，都曾经与伯纳姆一起为博览会工作。这个
委员会受到委任，负责提升杂乱、破败、令人难堪的华
盛顿特区中心位于国会山以西和白宫以南的部分，要使
这一地区能够向整个国家和世界呈现美利坚合众国的伟
大。当时，未来的林肯纪念堂（1922）的所在地还是一
片看不到希望的沼泽地，宾夕法尼亚铁路公司的铁道穿
过了国家广场。委员会的1901年规划主要负责安排开放
空间、纪念建筑、文化机构以及政府建筑，它们今天的
样子正如当年的规划。

几乎就在华盛顿的工作完成之后，伯纳姆被俄亥俄
州长委任领导一个三人小组，编制一个规划以复兴克利夫
兰陷入困境的湖滨地区。这个规划提议统一修建一组大型

政府建筑和一个中央火车站。1903年克利夫兰规划的次年是旧金山的一个规划，在这一工作中，伯纳姆信赖的助手是他的一个新雇员，也是未来《芝加哥规划》的合作者，三十三岁的爱德华·H. 本内特，之前伯纳姆曾与他合作过一个不成功的项目——竞标重新设计美国西点军校。旧金山规划提议修建打破城市矩形街道格局的斜角林荫大道，以及盘绕在城市的几座小山的道路。规划也要求拓展公园和休闲空间。

　　尽管伯纳姆和本内特提交规划之后不久，旧金山的大部分城区就被1906年的地震和大火破坏，但是他们的思想基本没有对重建的市政中心以外的区域产生直接的影响。地震之后，比起去建设一些看似新潮或者并非急需的东西，很多房地产主、商人和政治家都更加急切地要恢复城市在灾难之前的基本格局。从任何角度来看，伯纳姆的旧金山规划的倡导者都不能唤起公众对其实施的广泛支持。在旧金山规划尚未完成之际，伯纳姆让本内特留下单独负责这个项目，他自己则开始了另一项使命。这一次客户是联邦政府，他们希望伯纳姆重新设计菲律宾的马尼拉和碧瑶夏都，它们都是美国刚刚从美西（班牙）战争中获得的。

23

所有这些在其他城市的工作，对于丹尼尔·伯纳姆作为规划师的继续成长都非常重要，但是与《芝加哥规划》更为直接相关的是他在哥伦布博览会结束数年后提出的重新规划芝加哥湖滨地区的建议。伯纳姆从博览会的极大成功中获得灵感，在杰克逊公园的博览会旧址与酝酿中的格兰特公园（当时被叫作湖滨公园，直到1901年）之间设计了一个连续的景观廊带，该区域处于市中心的东面，周边由兰道夫街、密歇根大道和第十二街（今天的罗斯福路）和湖泊围合。建议市中心湖滨地带可能如何改造，伯纳姆并不是唯一一人，也不是第一人。为了确保公园能够如第一届伊利诺伊与密歇根运河委员会在1836年所绘地图上标示那样"永久作为开放的公共空间，不修建任何建筑物或其他障碍物"，邮购巨头A. 蒙哥马利·沃德进行了一场持续二十年的战役，直到1911年才获得胜利。

　　在数十年里，使人们无法充分享受公园区位优势的主要障碍，是一份1852年的法令，该法令授予了伊利诺伊中央铁路公司对第二十二街和兰道夫街之间那片300英尺宽的地带（当时被湖水淹没）的权益，中央铁路公司在这里建了一座高架桥和一组轨道，作为隔开湖水、保护岸线免受侵蚀的措施之一。1852年法令正是为了分担城市修建水面分隔工程的费用。伊利诺伊中央铁路公司不仅建设了高架桥，还从联邦政府购买了位于兰道夫街以北，原先的迪尔伯恩堡所在的地段，在那里建了客运站和车辆停放设施。（原伊利诺伊中央铁路公司位于兰道夫街和门罗街之间的地产最近被改造为千禧公园，它于2004年开放。）

19世纪的地图和绘画表明，伊利诺伊中央铁路公司的轨道与密歇根大道之间的今天公园地带的大部分，以及轨道以东区域，原先都在水面以下。该地区有很大一部分，是在1871年芝加哥大火之后不久用火灾的废墟填成的台地。不过，整个湖滨混乱不堪，散布着马厩、非法搭建的棚屋、消防站、垃圾堆、废墟，还有铁轨及其辅房。在这般混乱的景象的另一边，如此靠近而又如此遥远的，是波光粼粼的湖面。市政府自己有一套通过市政建筑重建湖滨公园（Lake Park）的计划，包括兴建一座新的市政厅。决心坚定的沃德，以他的钱包和人气的巨大代价，赢得了一系列要求清除已有建筑并阻止建设新建筑的诉讼——无论它们是私有的还是公共的。引人注目的例外是芝加哥艺术博物馆，但是沃德最终成功阻止了其他的改建活动，包括一个军械库、一个游行区和菲尔德博物馆。菲尔德博物馆那时被叫作菲尔德哥伦布博物馆，由马歇尔·菲尔德在哥伦布博览会之后投资，最初临时坐落于博览会的美术馆中，但这座建筑后来被彻底改造为科学与工业博物馆（1933）。新的菲尔德博物馆于1921年在它的现址开放，它恰好位于格兰特公园以南由伊利诺伊中央铁路公司捐赠的填湖形成的地面上。

关于湖滨地区的法律争端，正好赶上一场全国性的争取城市公园与活动场地的运动，这一运动以更加积极的态度看待休闲空间，认为它不仅仅是运动的场地，也是欣赏自然的空间。改革者们强调，能够方便地到达公园和活动场地对于工人及其子女尤其重要，他们在枯燥而无休止的方格网中忍受着想象和物质都极度贫乏的生活。一个由优秀建筑师和规划师德怀特·H. 伯金斯领导的特别公园委员会于1904年提交了一份被广为引用的报告，它叹息道，从1870年到1900年，芝加哥在居民人均公园面积指标上由大城市中的第2位滑落到第32位。给委员会一点信心的是，报告发现，多亏了私人捐赠和公共拨款，芝加哥的活动场地数量在过去的四年中由5处增加到了9处。委员会在它接下来的报告中会继续赞扬这样的进步。倡导为芝加哥工人及其家庭带来更多休闲机会的组织就包括赫尔之家（为城市修建了最早的活动场地之一）以及多个商人团体。奥姆斯特德的几个儿子和伯纳姆的建筑公司都受雇设计了多个新公园和运动场馆。

25

随着蒙哥马利·沃德的诉讼在法庭上寻求解决，湖滨公园的未来引起了很多人的兴趣。它的安排是芝加哥公民联盟（Chicago Civic Federation）第一批议程项目中的一个，这个成立于1894年的联盟致力于提高城市的经济、政治和道德水准。公民联盟成立的次年，另一个进步主义团体——城市改进同盟（Municipal Improvement League）向市长乔治·B.斯威夫特提交了一份湖滨公园规划，该规划由一个三人建筑师小组编制，其中包括曾经在1872年雇用伯纳姆在自己事务所做绘图员的彼得·B.怀特。怀特的方案表明他受到了自己曾经的雇员的方案的影响，因为这个方案直接让人想起哥伦布世界博览会的荣誉广场，它的中心是一对大水池，水池的北面是阅兵场和军械库（这也可以成为又一个"游乐场"），南面是菲尔德博物馆（这个项目在当时被普遍认为会最终获得法律许可）和一个游憩场所。规划将新的市政厅和警察局安排在伊利诺伊中央铁路公司铁道的西侧，正位于芝加哥艺术学院北侧，面向密歇根大道。

丹尼尔·伯纳姆对湖滨地带的设想反映出他对于宏大构思的价值的信念，这也是基于他的世博会经验。在曾经负责美术馆和很多世博会其他构筑物的查尔斯·B.阿特伍德的协助下，伯纳姆把对湖滨公园的重新思考同将该公园与杰克逊公园连成一体的思路进行了整合，形成了一个新的规划设计。伯纳姆得到商人詹姆士·W.埃尔斯沃思的鼓励，后者曾是世博会的理事会成员，现任南部公园委员会主席，这个机构的管辖范围包括了杰克逊公园以及1901年后新命名的格兰特公园。1896年春，伯纳姆向埃尔斯沃思和他的委员们介绍了他的部分想法。7月，他将埃尔斯沃思、几位委员、斯威夫特市长以及其他一些人邀请到自己的办公室做了一次正式演示。在这之后，他们又进行了多次会谈，随后埃尔斯沃思又于10月10日在家庭晚宴之后做了一次演说。这次演说的听众包括马歇尔·菲尔德和乔治·普尔曼这样的风云人物，并且被刊登在了次日《芝加哥论坛报》的头版。

10月12日，报纸又发表了一篇社论，称赞伯纳姆提出的系列方案的宏大规模、构思的"品位和技巧"以及他

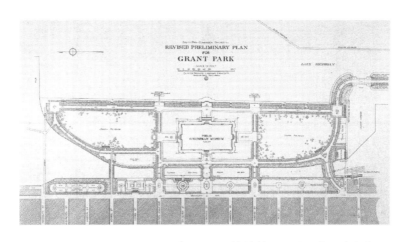

图10 格兰特公园的诸多提案包括这份由弗雷德里克·劳·奥姆斯特德的儿子们在1903年为南部公园委员会准备的提案。哥伦布菲尔德博物馆占据着主导地位（要注意它比芝加哥艺术博物馆大楼要大得多）。和后来《芝加哥规划》建议的一样，它也位于国会街中央，南北两侧是大片草地，东侧是船只停靠码头和一条树木葱郁的湖滨景观路，西侧是伊利诺伊中央铁路公司的铁路用地，一条有许多水池的优美线路，再往西是密歇根大道。奥姆斯特德兄弟景观建筑师事务所，芝加哥历史学会（ICHi-34659）。

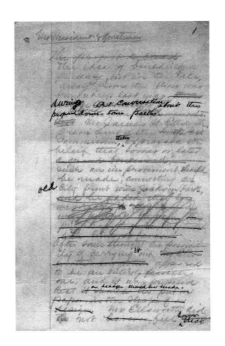

图11 伯纳姆这份多处修改的草稿是
为1895年4月16日同南部公园委员会
主席詹姆斯·埃尔斯沃思及其他成员
进行商谈而准备,他在其中解释说,
建造湖滨景观路的想法产生于一年前
和埃尔斯沃思讨论市中心公园问题
时。"经过一番考虑",伯纳姆接着
写道,"我们发现它的实施是一件完
全可行的事,我们还提议应该做一个
设计"。《丹尼尔·伯纳姆文集》,
瑞尔森与伯纳姆档案馆,芝加哥艺
术博物馆。芝加哥艺术博物馆授权
复制。

阐述这些方案的"雄辩方式"。《论坛报》同时评论了伯纳姆的"公共精神和对芝加哥未来的坚定信念"。《论坛报》说，就像世博会一样，这个新规划证明了伯纳姆的"创意、勇气和天才"，这些元素如此贴切地代表了芝加哥。不过，社论结尾还是以更为审慎的口吻提醒道，"这个宏大的方案涉及如此多的工作、思考、资金和创意，所以断不可草率启动"。市议会不久通过了一项法令，授权南部公园委员会管理湖滨地带及其改造提升，但埃尔斯沃思声明，除非州立法机构同意拨款，否则什么也做不成。伯纳姆则继续向其他市民组织（包括商业俱乐部和商人俱乐部）推介他的规划。

伯纳姆对湖滨公园的设计是城市改进同盟方案的一个更加精致而系统的改进版。该方案表明，伯纳姆赞同让湖滨保持开放、免费，但并不一定不能建任何东西。伯纳姆去掉了那两个水池，将公园的东西主要轴线向北移了一个街区，移到国会街以北，同时向东延伸越过伊利诺伊中央铁路公司铁轨，直至新的菲尔德博物馆前的广场。在博物馆和湖中游艇港湾之间将有一个大喷泉。在菲尔德博物馆北面，和城市改进同盟的方案一样，伯纳姆布局了阅兵场和军械库，博物馆南面则是游憩场所和展览建筑。伯纳姆方案最突出的特征之一，是设计了一个大理石贴面的隧道连接湖滨地带的南北两侧，隧道始于艺术博物馆往北一个街区，从芝加哥河底穿过，然后从派恩街（后来的北密歇根大道）出地面，因而可以向北直达林肯公园，并可以进一步到达伊文斯顿。

不过，伯纳姆最恢弘的建议，是在沿湖滨公园和杰克逊公园之间的湖面创建绿地。他提出，城市应当沿总长达6英里的水域填造新的土地，并沿其东侧打造一个连续的小型内湖，湖中散布很多小岛，小游船可在其间游弋。内湖靠密歇根湖一侧，将有一条精心打造的景观大道，上面为车辆、马匹、自行车和行人都划分了独立通道。这条景观大道将通过很多座桥梁很方便地与主城联为一体。一切都将被安排得能够使湖、城市和公园自身呈现出最佳视觉景观。至于成本，公园委员会或可通过将新的南岸快速路附近的土地租赁给俱乐部、宾馆和居住区而获得收益。

这些想法许多后来都在《芝加哥规划》中得到体现，但是伯纳姆对湖滨规划的处理还在其他方面具有前瞻性。他的通信表明，他理解任何设想最终的实现程度，不仅取决于它的内在价值，也取决于它如何吸引和塑造了公众意见。他一面甜言蜜语地说服记者对仍在进行中的工作保

29

30

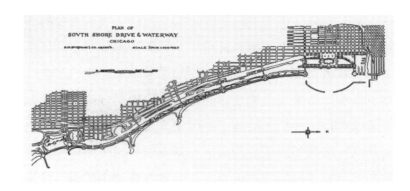

图12　这是《芝加哥规划》第一章复制的两张图中的第二张。第一张绘于1896年，这一张绘于八年后。它们体现出丹尼尔·伯纳姆对湖滨的思考在芝加哥世博会之后的数年中是如何发展的。两张图都提出要建一条湖滨景观道，并用内湖连接世博会后的杰克逊公园和格兰特公园（1901年前被称为湖滨公园）。到1904年，景观道和内湖的方案愈加成熟。格兰特公园的设计也有所改变，但菲尔德哥伦布博物馆仍然处于关键地位。虽然第二个规划在时间上更加靠近《芝加哥规划》，但只有1896年的设计像《规划》那样将博物馆布局在延长的国会街中央。芝加哥历史学会（ICHi–39070_2d）。

持沉默，一面又确保他们能够出席并向读者报道重要的展示会。类似地，伯纳姆非常用心，确保了那些潜在的怀疑者和反对者都能与地方支持者一起受邀参加这些展示会。他也认清了需要关注的法律问题。他使用了灯箱幻灯片和艺术家画作（他自己绘制了一幅湖滨大道的水彩画）来吸引观众，就像他后来宣传《芝加哥规划》时所做那样。灯箱幻灯片是那种第二次世界大战后才普遍使用的两英寸见方的电影幻灯的前身，大一些且不怎么精致，是一种可以追溯到文艺复兴时期的技术，它在当时被称为"魔术灯箱"，用来投影画在玻璃上的影像。到了19世纪中叶，人们已经能够用这种方式展示摄影影像（常常手工着色）。伯纳姆哪怕是对微小细节也悉心关注，并且愿意长时间向各种听众宣讲，这些都证明了他的投入、奉献和耐心。这些推介努力也凸显了他对芝加哥深深的爱和对这座城市的巨大信心。他并未收取任何费用，尽管他的方案和由此带来的宣传无疑是对他的建筑事务所有利的。

伯纳姆关于他的公园设想的一次次演说，预示了《规划》的一些章节。虽然他做出过调整以适应不同的听众，但是这些演说包含着许多相似的元素，包括对伯利克里和奥斯曼所建立的崇高标准的反复提及。就像所有城市美化运动的惯用说辞，演说强调方案的可行性与理想性并重——例如，规划在促进房地产繁荣的同时，也将增进城市的公共福祉。伯纳姆一再预言，如果芝加哥变得更美，那些富有的居民将会把更多的钱花在自己的城市，因为他们不会再觉得，自己不得不去其他地方旅行，才能满足对美景胜地的渴望。他呼吁听众对芝加哥的伟大保持信心，为他们的领导感到荣耀；但同时又提醒他们，如果不能立刻行动，他们的城市会在与其他城市中心的竞争中落败。如果他们担心成本，那么他们应该意识到，延缓行动无非意味着日后要付出更大的代价。

31

所有这些都是伯纳姆自己的真诚信念，这一点从他的私人通信中可以得到证明。1897年2月，他和他的岳父兼知己约翰·B.谢尔曼（曾担任南部公园委员会委员达二十五年，并在詹姆士·埃尔斯沃思之后担任过主席）交流过自己对湖滨规划进展的看法。伯纳姆解释说，他的方案正在顺利推进，之后又提出了一系列鲜明的观点：在改进工程推进之前必须先有一个编制完善的规划；这个规划必须包含"可期待的最出色的改进"；他最钦佩埃尔斯沃思的"雄心大志"和"为实现它们而努力工作"的意愿；而任何改进的一个关键目的，是"把我们的富人和他们的钱留在这里，并吸引更多富人"。在两个月之后给谢尔曼的又一封信中，他说："我正在全身心地投入改进项目。我不是为了钱也不是为了地位，而是清楚地看到了，城市的最高利益要求市中心立刻穿上一件可人的新衣，从而让我们的人不再流向其他地方，并把富人带到这里，而不是让他们跑到其他地方去花钱。"尽管伯纳姆经常阐述湖滨地区对于贫困人口和富裕人口所具有的同等重要性，但他相信涓滴效应，坚持认为最重要的是要想出能够吸引较富裕居民的点子。比如，在1896年的一次讲话中，他的观点是："富人花得越多，对穷人越有利。"

　　伯纳姆演说中有很多章节也反映了他的理想主义气质，其基础是他的斯韦登伯格式的宗教理想，以及认为"万物生灵都充满积极精神"的信念。他的众多天赋之一，是能够打动听众，使他们赞同他所认为的优秀的规划所应具有的更高立意。这种启发的才能在《芝加哥规划》中表现得淋漓尽致。例如，在谈到密歇根湖作为芝加哥首要自然资产的重要性，以及城市更充分利用它的精彩存在的必要时，《规划》能够激发起一种神奇的感觉。我们读到：湖的浩渺的宁静与从容，带给我们"平静的思想和心绪"，令我们"摆脱俗世的琐碎"，它"那么地鲜活，

32 令人感到赏心悦目"。十多年前，伯纳姆正是用一种相似的邀请，来结束他一些演说的结尾：他邀请听众去欣赏这份向所有芝加哥人敞开怀抱的资源。"看起来，"他说，"就好像这么多年来湖水一直在向我们歌唱，直到我们有所反应——直到今天我们看到宽阔的湖面被拂过她胸膛的微风吹起了涟漪。"在为全神贯注的听众们描绘了他的方案将可能带来的壮丽城市景观之后，这个最城市的人得出结论："我们被融入了自然，并成为她的一
33 部分。"

第三章

规划者眼中的芝加哥

《芝加哥规划》对芝加哥的现状着墨相对不多，而是集中在讨论芝加哥有可能成为怎样一座城市。它的插图尤其反映了这一点。在总共142张插图中，只有10张表现了这座城市1909年的情形，其中包括4张街区公园的娱乐设施的照片，4张主要林荫道的照片（分别是格兰德林荫道，即现在的马丁·路德·金快速路、德雷克塞尔林荫道、密歇根大道和湖滨快速路），一张格兰特公园的照片和一张从派恩街（不久后更名为北密歇根大道）北望水塔的照片，所有这些照片尺寸较小、细节模糊。《规划》中的绝大部分插图要么是规划方案的绘制，要么是展现规划者意欲赶超的欧洲城市（特别是巴黎）的特征的示意图和照片。

　　但《规划》并没有忽视现实中的城市。规划的作者深知，任何复杂而系统的规划要赢得人们的信任，一个重要检验标准是它对现状和需求的评估能否令人信服。通过这一检验对规划师而言是颇有意思的挑战，因为他们既希望坚持对芝加哥前途的信念，同时又强调任由目前的趋势发展下去会产生问题甚至有危险。说得更明白一点，他们相信，恰恰是芝加哥无与伦比的前景要求人们立即采取大胆的——代价高昂并且有潜在争议的——行动。　　34

《规划》在第一章就表达出这种信念，它声称，有识之士一致认为，规划的时代已经来临，通过精心规划的系统性变革，从城市快速增长造成的混乱中重建秩序的时机已然成熟。接下来它评论道，"美国的城市是工业和交通的中心，芝加哥尤其如此"。基于此，《规划》强调要改善商业设施、运输、交通流和普遍便利性。由于从事生产的城市劳工阶层需要游憩场所，所以规划者也认为有必要考虑公园和休闲设施。良好的设计至关重要，还不仅仅是由于狭义的功能需求，还因为一座骄傲的城市归根到底和任何有自尊的人一样"拥有自己的尊严，这种尊严需要得到维护"，而且"良好的秩序对于物质进步也至关重要"。

　　《规划》在第三章更全面地同时展示了芝加哥的伟大和对规划的迫切需求。当时的芝加哥是"中西部区之都会"，其经济文化腹地范围超过奥匈帝国、德国或法国的国土面积。作为一座拥有200万人口的城市，芝加哥已度过了"充满偶然和不确定"的发展早期。《规划》结合了南北战争前的夸张语气与当时的改革论调，它声称芝加哥"坐拥天赋的使命与财富"，若"在跻身世界先进城市的进程中落后"，将是对这座如此出色地浴火重生的城市所拥有的"大无畏勇气"的背叛。随后，基于最出色的浮夸的传统，《规划》宣称，五十年后芝加哥将成为世界最大城市。它引用备受尊敬的芝加哥工程师、曾担任多个城市规划顾问的拜昂·J.阿诺德的预测作为权威数据："如果影响芝加哥人口的全国和地方因素在未来保持过去的平均水平"，那么到1952年芝加哥居民将达到1 325万。（芝加哥的人口的确在1952年左右达到峰值，不过是在360万左右，之后便大幅下降。整个伊利诺伊州1950年的总人口略多于870万。2000年芝加哥人口约290万，比十年前的略少于280万有所增加。）

《规划》的其他部分——虽然从未忽视城市的成就、财富和潜力——集中关注芝加哥面临的挑战。和绝大多数其他快速发展的城市一样，芝加哥也充斥着丑陋和肮脏。规划者将这种情况归结于不受控制的发展和自私的投机行为。《规划》认为，芝加哥面临的关键问题不再是扩张而是保护，不再是生活的量而是质。它一再宣称，城市的社会和谐、文化兴盛和经济繁荣不可分割。"文明的永恒主题是努力理解和追求至真至善，"它说，"能够带来最优生活的城市也将变得最繁荣。"缺乏规划导致时间、精力和金钱的浪费，忽视卫生预防措施而引发的本可避免的健康问题使浪费更加严重。街道、铁路、港口等与芝加哥经济活力息息相关的基础设施严重堵塞，整座城市笼罩在低效和无序的阴云之下。关于这一点，铁路货场和站点的草率布局就是无法回避的例子。

《规划》专门提到特别公园委员会的工作成果，称赞了近期的进步，但仍为芝加哥市内和郊区公园数量之少感到痛惜。地面和高架路上的车辆噪音"令人不堪忍受"，城市的大片区域污秽不堪，并且当时几乎所有人都认为空气污染极其严重。曾经孕育了这座城市并且仍对城市经济至关重要的芝加哥河，变成了一条可怜的臭水沟。跨河的桥梁太少，而各种障碍又削弱了河流的通航能力。主要街道过于狭窄，道路网络中对角线道路的缺乏又大大限制了除正东、正西、正南、正北方向之外其他方向上的通行速度。

住房也是一个严重问题。大量的人口被迫住在极端恶劣的环境中。"贫民窟之所以至今依然存在，"《规划》解释说，"完全是因为城市无力抵御那些重大恶行和已知危险，而这一切都应当依靠公正、公平、必要的简单卫生原则的强制实施来得到纠正。"《规划》以环

36

境决定论的观点看待不久之前的市民骚乱，认为"违法乱纪行为频发"根源在于"狭隘而缺少欢乐的生活"。不过，《规划》诞生伊始即有批评者指出，它对经济的关注远远超过对生活和工作状况的关注。在规划者眼里，城市经济发展面临的最棘手挑战并不是社会秩序的缺陷，而是如何对以芝加哥河主河道与南支流、密歇根湖和第十二街（现为罗斯福路）为边界的商业中心区进行调整。在这块地价最高（因而也都是商业建筑），办公楼、商店、银行、酒店、剧院和火车站为争夺空间挤破头的地方，城市实际上正被它自己的成功所窒息。超负荷的道路上手推车、客货运马车、有轨电车等拥挤不堪，更不用说行人，以至于在这条路上经常寸步难行。如果城市再不采取行动，不仅它将失去对新商机的吸引力，就连现有的企业也将迁往别处。

虽然《芝加哥规划》或许明显有作者自己的假想和优先取舍，但它描绘的城市现状基本还是准确的。当然，要获得对世纪之交的芝加哥可靠、详细、全面的认识，对任何人而言都是一个挑战。更何况，由于芝加哥的物质和社会特征时时刻刻都在变化，对芝加哥的评价很有可能还没有来得及想清楚便已过时。曾有一度，参

图13　这张表现1909年迪尔伯恩街和兰道夫街交叉口交通的照片，比任何统计数据都更好地体现了芝加哥市中心街道的拥挤程度。电车与行人以及多种马拉交通工具争夺空间。这张照片还为卢普区的商业和当时"烟雾污染"的严重性提供了证明。弗兰克·M. 哈伦贝克，芝加哥历史学会（ICHi−04192）。

　　　　　　　　　第三章　规划者眼中的芝加哥

观者们留下的记述已经断定，对这座城市的最佳描述就是接受"它根本无法被描述"这一事实。年轻的英国记者乔治·沃灵顿·斯蒂文斯曾赴美国报道1896年总统选举，他称芝加哥为"众城之中的女王和弃儿，世界的北极星和臭水沟"。他承认自己无法用一个概念整合在芝加哥并存的公园和贫民窟、"新生活的气息"和"乌烟瘴气"，以及"公共精神"和"贪污贿赂"。斯蒂文斯坦承："除非有一百条舌头，每条以不同的音调高喊不同的语言，我才能准确地表达她精彩的混乱。"作家朱利安·斯特里特曾为写一本关于美国的书环游全国，途中经过芝加哥，他将芝加哥称作"不可思议的现象，年轻和成熟、蛮横的力量和奋发的精神在这个惊人的矛盾体中和谐地混杂着"。斯特里特说，任何企图以言语描述芝加哥的人都会穷于辞藻，沮丧不已地将字典砸向它。"这是你唯一能做的，除了用统计数据向它开火，"斯特里特立刻补充道，"但即便是芝加哥的统计数据，也并非像多数统计数据那样一成不变。"

芝加哥的统计数据确实如斯特里特所说那样。截至1900年，芝加哥的城市面积为190平方英里，除了现在包含奥黑尔机场的那部分城市片区之外，已经接近它如今的大小和形态。芝加哥城市面积最大的一次改变发生在1889—1990年间，当时芝加哥市和邻近镇上的居民经过一系列投票，同意周边几个社区并入芝加哥，这使芝加哥的面积几乎扩大到了原先的五倍，从不足37平方英里增加到179平方英里以上。《规划》编制之时的城市基础设施包含总长约2 848英里的街道（最长的西大道长22英里）和1 403英里的巷道，仅有不到1/2的街道和不到1/10的巷道的路面得到了铺设。三条隧道分别从拉萨尔街、凡布伦街和华盛顿街穿过芝加哥河，91座归城市或铁路公司所有的桥梁横跨河流两岸。

在《规划》诞生的1909年，芝加哥的夜晚有近3.8万盏路灯照明，其中约8 500盏是电灯（其余为煤气灯）。芝加哥人在20.8万部电话机上通话，这个数字是1900年的八倍；他们每天从密歇根湖中抽取约5亿加仑淡水使用，平均每人223加仑。11座泵站为此服务，其中年代最久远的一座建于1854年，位于芝加哥大道上。1900年1月17日卫生运河贯通，实现了让芝加哥河倒流的长远计划，使它不再流入密歇根湖，从而减少了对水源的污染。十年之后，这一地区北部又新辟了一条流入威尔梅特港的运河，之后不久，原本流入密歇根湖的小卡吕梅河被引入主运河。

　　有轨电车穿行在芝加哥方格路网的主要道路（间距约0.5英里）以及重要的斜向对角线道路上。在电车线路的交汇点，特别是对角向线路与东西向线路的交汇点，社区商业中心纷纷兴起。电车轨道的电气化始于1890年左右，在《规划》编制之时已经接近完工。除了电车之外，人们还可以乘坐出租汽车或马车。当时两位乘客乘坐单马出租马车的首英里价格可达50美分，而双马出租马车的价格则是它的两倍。1910年，芝加哥登记在册的汽车有近1.3万辆，有报道的机动车事故死亡人数约50人。除马车之外，还有很多自用和商用交通工具也是由马匹拉动。如此众多的役畜奔走于商业区和居住区之中，大大增加了城市对粪便清理和卫生措施的需求。

39

　　高架高速交通线的建设始于1890年。《规划》诞生之际，有四家公司在由市中心向外辐射的高架铁路上为城市服务（批评者可能认为事实恰恰相反），这些线路中的大部分都成为今天芝加哥交通运输管理局（Chicago Transit Authority）所采用的线路走向。芝加哥与南区高速交通公司负责运营南区的恩格尔伍德、诺默尔公园球场、肯伍德、杰克逊公园和屠宰场快速支线；莱克街高架铁路公司名义上服务莱克街至奥克帕克镇区段；都市西区高架铁路公司拥有加菲尔德公园、道格拉斯公园和洛根广场三条支线；西北高架铁路公司的雷文斯伍德镇支线向西北延伸到凯德兹大道的尽头，它南北向的那一段原本止于威尔逊大道，1908年被延长至埃文斯顿镇，四年后又被延长至威尔梅特镇。1897年，联合高架铁路公司建造了今天已经成为芝加哥标志的矩形高架环线，它将各条线路连接了起来。至1911年，几家高速交通公司合为一家，并在1913年实现了各条线路间的一票换乘。

正如规划者观察发现，是房地产市场而非效率决定了轨道线路、站点和其他设施的布局，不过到了世纪之交捷运公司也为提高效率进行了一些改造，方法是将大量的货物装卸操作移到商业中心以外。客运列车搭载着不计其数的工人和旅客进出市中心。著名的芝加哥建筑、楼宇、规划与城市技术史学家卡尔·康迪特曾在1910年统计发现，每天有1 300辆这样的客运列车运载17.5万人次乘客（乘客数在十年后达到史上最高的27万人次），在市中心六个主要车站之间来回穿梭。如此众多的轨道在地平面上将城市分割得支离破碎，这使得交通延误和致命事故成了芝加哥生活的一部分。

Marshfield Ave.
Station of the Metropolitan elevated R. R., Chicago.

图14　马什菲尔德大道车站是都市西区高架铁路公司的一个主站点，铁路在这里分成加菲尔德公园、道格拉斯公园、洛根广场三条支线。车站1895年开通，为给国会高速公路（现为艾森豪威尔高速公路）让出空间而拆除。由简妮丝·L.瑞夫免费提供。

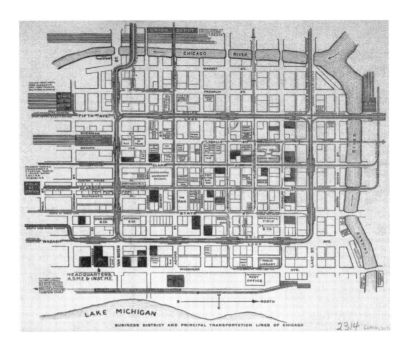

图15 这幅1904年的地图绘出了城市商业中心的主要公共交通路线。图中可以很容易看到至今仍作为市中心边界的环线高架铁路，以及规划者希望以更少、更大、更有效率的站点取而代之的一些分散的客运铁路车站。其他留存至今、为人们所熟知的地标有马歇尔·菲尔德百货商店、芝加哥公共图书馆（现为芝加哥文化中心）和艺术博物馆。市政厅位于它现在所处的街区，但此图中的建筑在1911年被拆除，原址上建起了现在的建筑。一些街道改变了名称。比如，第五大道现在叫作威尔斯街。美国机械工程师学会，芝加哥历史学会（ICHi-34342）。

　　　　　　　　　　　第三章　规划者眼中的芝加哥

1904年特别公园委员会指出，芝加哥这个曾经的公园建设领导者，在人均公园面积和已建公园的区位便捷性方面已经落后于其他城市。不过在20世纪初，林肯公园动物园（包括一座水族馆）已经落成，加菲尔德公园和林肯公园的温室也已建好。林肯公园向北填湖造地直到贝尔蒙特大道，使得公园面积在原有的150英亩基础上又增加了300英亩，格兰特公园也以相同方法达到了现在的面积。填湖的土石方很大一部分来自卫生运河的开挖。通过大规模重建，南部公园委员会委员们将曾作为芝加哥世博会场地的杰克逊公园，改造成了老奥姆斯特德在他1869年设计中所设想的那种自然形态。

　　与此同时，公园和活动场地的倡导者们也在为芝加哥周边和市内的新项目奔忙着。1903年，库克县政府成立了外环绿带委员会，它在接下来的十年里演化成了森林保护区。《芝加哥规划》诞生之时，芝加哥又新建了几座公园和休闲设施，与北部、西部和南部早先建成的主要公园相比，它们的面积小了一些，但位置对劳动阶层而言更方便前往。据南部公园委员会称，1908年差不多580万人次使用了其下辖的13个小公园内的室内外健身馆、游泳池、俱乐部与阅览室、集会大厅、午餐室等设施。南部公园委员会统计说，同年有超过200万人次使用了它下辖的12个活动场地。位于南区的谢尔曼公园就是新建设施之一，它的综合楼是由D. H. 伯纳姆公司设计的。这座公园是以丹尼尔·伯纳姆敬爱的岳父、南部公园委员会前任主席约翰·B. 谢尔曼的名字命名，他于1902年去世。

42

1900年人口普查显示，芝加哥总人口为1 698 575人。这个数字在《规划》编制时已突破200万，1910年达到2 185 183人。1900年至1910年间，美国的人口增长了21%，而同样在这十年间，库克县的人口猛增了31%。规划者所见到的芝加哥在全世界城市中的规模仅次于伦敦、纽约和巴黎。外国移民占芝加哥人口的比例在1850年代和1860年代达到最高，超过50%，即使到了1910年，这一比例仍然接近全国平均水平的两倍。在当时的芝加哥市民中，出生地在国外的占35.7%，出生于美国本土但父母至少有一方来自国外的占41.8%。非裔美国人占总人口的2%，这一群体的绝对数量和相对比例都将在第一次世界大战开始后迅速增加。1910年芝加哥有1 788名华人，其中男性1 713人。1910年，出生在国外的白人中，有近1/4来自德国。在那个时期，德国和爱尔兰移民的比例有所下降，而东欧移民的比例激增。1909年，芝加哥共有公立学校教师6 296人，他们教导着296 426名学生。同年芝加哥的死亡率是每千人14.58人，在总计31 296名死者中，超过20%（6 384人）是不满周岁的新生儿。尽管每年排名有波动，但芝加哥市民的健康状况常常好于其他美国城市。最常见的死因是肺炎、肺结核、心脏病以及婴儿群体的腹泻。

芝加哥人的工作环境迥异，既有高楼大厦里的办公室，也有地下室里的血汗工厂。芝加哥大多数人为近万所制造业工厂中的一家工作。1909年，城市的六大主要产业（男女服装业——雇员数量远远超过其他任何行业、钢铁锻造与车床业、印刷与出版业、屠宰与肉类加工业、机车制造与维修业以及电力机械业）共雇用了当年芝加哥总计29.4万职工中超过14.2万的人。重工业集中分布在芝加哥河南北支流两岸和东南区。服装制造业以及更加耸人听闻的屠宰业的恶劣工作条件引起了全国范围的关注，特别是在1906年厄普顿·辛克莱尔的《丛林》一书出版之后。

芝加哥可以说是一个工会城市，也是一个至少从1870年代起阶级分化就已十分鲜明的城市。就在《芝加

43

哥规划》出版前的几年里，劳工纠纷多次发生，包括尤为艰苦而暴力的1902年和1904年的屠宰场罢工，以及1905年的车夫罢工。1905年的这次持续了百天以上，造成包括两名警察在内的14人丧生。1905年6月，几百名无政府主义者、社会主义者和左翼工会成员在芝加哥集会，组建了世界产业工人联合会。在集会现场，站在讲台上敲击木板维持秩序的是绰号"大比尔"的比尔·海伍德，发言者当中不乏尤金·德布斯和琼斯夫人这样的工人运动领袖。

44

在当时的芝加哥，许多人的工作环境糟糕得令人发指，而贫民们生活、进食、歇息的地方与前者相比更有过之而无不及。虽然在城市外围有的区人口密度小于10人/英亩，但在近西区和近西北区的贫民窟里，平均人口密度超过了100人/英亩。一些街区拥挤不堪，人口密度超过400人/英亩。由芝加哥大学社会学家罗伯特·亨特领导、成员包括简·亚当斯等人的城市住房协会调查委员会于1901年提交了一份措辞严厉的贫民窟住房情况报告。在这份名为《芝加哥租屋情况》的报告中，委员会声称芝加哥的住房条件相当恶劣，并仍在继续恶化。他们不仅将这种情况归咎于贪婪房东，而且还指责"政府

45

图16 杰拉德与拉贝制衣厂的工人
（可能还有老板）在临街工厂门外合
影，照片约摄于1880年。工人大多
是年轻的女性。独自站在最右侧中国
洗衣店招牌旁边的男性似乎是个中国
人。按照芝加哥的老门牌编号系统，
杰拉德与拉贝制衣厂位于西芝加哥大
道377号，也就是现在的西北区诺伯
街西侧的西芝加哥大道1413号。芝加
哥历史学会（ICHi-38278）。

图17 这张1902年罢工期间信差儿童的照片显示，当时儿童是劳动者的重要组成部分。像现在的自行车信差一样，这些儿童是在市中心办公楼之间送信的快速途径。《芝加哥每日新闻报》，芝加哥历史学会（DN-0000022）。

图18　这张屠宰加工厂附近的后院社区一条巷子里的垃圾的照片（约1900年），它展现了芝加哥许多劳动者被迫居住其中的肮脏环境。芝加哥历史学会（ICHi-34324）。

改善住房条件的政策目光短浅",认为"要改善住房条件需要多年的持续热情和不懈努力"。委员会指出,有30万芝加哥人租住在后街棚屋中,这些棚屋密密麻麻地挤在只应容纳一幢楼房的区域背后那些非人道、超负荷的多层建筑中,里面的居住者饱受简陋厕所、动物粪便和垃圾的恶臭的侵袭,完全没有起码的阳光、空气和给排水。

1911年,亚当斯在赫尔之家的同事索弗尼斯巴·布雷肯里奇和伊迪丝·阿伯特进行了一项后续研究,他们发现,尽管芝加哥的平均人口密度是19.7人/英亩,但最糟糕地段的人口密度达到平均值的五倍,个别街区达到或超过350人/英亩。虽然城市实施了一些卫生改良措施,且自1901年起也铺设了更多的街道和人行道,但总体进展令人沮丧。"如果说近十年来进步的地方乏善可陈,那么欠缺进步的方面倒是可以大书特书",布雷肯里奇和阿伯特总结道。

46

芝加哥的文化和政治生活,同城市中如此多的其他事物一样,也充满着强烈的反差。在《规划》诞生之时,一座新公共图书馆(现为芝加哥文化中心)以及芝加哥艺术博物馆的现有建筑、芝加哥交响乐团大楼（其管弦乐厅由D. H. 伯纳姆公司设计）和纽贝里图书馆都刚刚落成。1909年的芝加哥不仅拥有21座图书馆、38家剧院、750家报刊杂志，以及1 146座教堂、礼拜堂和传教所，在近南区的第一选区还有一片臭名昭著的红灯区，并且在全市分布着七千多家酒馆。当年，芝加哥的4 706名警察实施了七万多次最终交付起诉的逮捕，其中最常见的罪行是盗窃，共有4 369起。但这一数字比起因举止不当引发的逮捕的次数（43 398次）就是小巫见大巫了。当年一共发生了73起谋杀案，比1905年少了一百多起，比1908年多了29起。

世纪之交的芝加哥面临三大政治问题，其中前两个都关系着城市的运转。州宪法仅赋予城市有限的自治权，这导致城市很难不经州议会明确许可来为大型项目借贷资金或采取其他行动。其次，在芝加哥有多个政府机构行使互不相同而相互重叠的职权。例如，虽然库克县的居民中芝 48加哥人占绝大多数，但这个县却拥有独立的政府（至今依然如此）。

更富戏剧性的一个问题是，市议会中有一帮秉性恶劣的代表。多亏了"公民联盟"、"城市选民联盟"等

图19　芝加哥历史学会成立于1856年，但它在十五年后的芝加哥大火中失去了最早的建筑和差不多全部的早期收藏。这座建筑是学会的第三个家，就在前两个家的原址——迪尔伯恩街和安大略街交叉口西北角。1932年芝加哥历史学会搬到位于克拉克街和北大道交叉口的现址之后，这座建筑经历了一系列易主和用途变更，不过刻在入口上方石头上的原名留存至今。巴恩斯—克罗斯比，芝加哥历史学会（ICHi-19139）。

图20　1892年建成的纽贝里图书馆是一所对公众开放的私人研究图书馆。与迪尔伯恩街上的芝加哥历史学会大楼一样，也是由亨利·艾夫斯·科布设计。面朝沃尔顿街和华盛顿广场公园，占据了迪尔伯恩街和克拉克街之间的整个街区。建于马伦·D. 奥格登宅邸旧址上，这座宅邸是芝加哥大火蔓延路线上为数不多的幸存建筑之一。巴恩斯—克罗斯比，芝加哥历史学会（ICHi–19099）。

图21　这张照片上的芝加哥艺术博物
馆于1892年在密歇根街与亚当斯街
交叉口东侧落成，照片拍摄之时它还
没有进行后来的多次增建。由"谢普
利、鲁坦与库里奇"公司设计。在这
座建筑里举行了多次与1893年芝加哥
世博会相关的大型知识与文化会议，
1909年7月还承办了一次《芝加哥规
划》特别展览。伯纳姆和鲁特设计
了1885年建于南密歇根大道404号的
艺术博物馆原大楼。艺术博物馆搬迁
时，芝加哥俱乐部接管了那幢大楼。
巴恩斯—克罗斯比，芝加哥历史学会
（ICHi-19219）。

改革团体的努力，以及1897—1905年间和1911—1915年间的芝加哥市长卡特·哈里森二世不算完美却非常巧妙的领导，政府改良的推动者们完成了大量的整顿工作。林肯·斯蒂芬斯这位爱揭黑幕的记者在1903年出版的《城市的耻辱》一书中，将关于当地改良运动的章节命名为"芝加哥：自由在途，仍需努力"，这恰当地反映出当时所取得的胜利是局部的。例如，当时芝加哥市议会中有一个被称为"灰狼"的小帮派，它在政治上很有权势，但在道德上却饱受质疑，其成员包括约翰尼·鲍尔斯、绰号"澡堂"的约翰·科夫林、绰号"小怪物"的麦克·肯纳和麦克·麦金纳尼，他们在1909年3月底关于城市选民联盟所支持的渐进改革的决胜投票中以19比40败北。一周后发布的选举推荐中，城市选民联盟宣布，鲍尔斯、科夫林、肯纳和麦金纳尼"完全不适合"任职，但这些人还是以绝对优势重新当选。有些进步也仅是暂时的，如1915年选举所反映的那样，腐败的跳梁小丑、绰号"大比尔"的威廉·海尔·汤普森当选为市长，揭开了他三届市长生涯的序幕。

　　尽管《芝加哥规划》的编制者与获选官员们合作，但他们并不对这些人抱多大指望。丹尼尔·伯纳姆在

51 1904年对商业俱乐部的成员说，如果他们真想改善芝加哥，最切实的办法就是他们自己筹集必需的资源，建立一个独立的组织，去迫使城市采取在没有外部压力的情况下也不会采取的行动，即使是它拥有了自主税收和借贷权力。"政府不负责，就必须强迫他们负责。"他以坚定的口吻建议道。这句话到底是出于实际经历、阶级偏见，还是对政府职责的不同理解，或是三者兼而有之，难以准确判断。

无论如何，伯纳姆对芝加哥的认识透露出，在更坦率的场合，他对芝加哥的前景是持谨慎态度的。在一些演讲、书信以及《规划》中，他表达出对芝加哥的增长已经达到边际效益递减点的忧虑，因为日益加剧的拥堵和污染已经对持续的商业利润这一城市活力引擎构成了严重威胁。这些言论表明，伯纳姆对芝加哥的未来没有盲目自信。他还反复重申，如果芝加哥不采取措施提高自身吸引力和效率，企业家和投资人将投资别处；工作和居住条件也需要得到关注，如果不能为每个市民提供良好的环境，芝加哥就不会也不能吸引和保持发展工业和商业所需的劳动力。伯纳姆明白（也许比人们想象中的更清楚），芝加哥与美国当时的境况已经大不同于1890年代之前，它们的

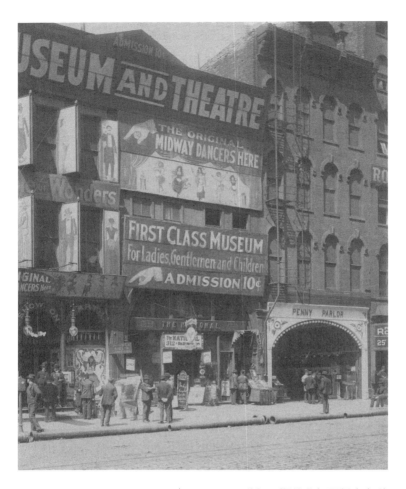

图22　20世纪早期的芝加哥拥有各种
娱乐场所。廉价的奇珍"博物馆"、
廉价剧院（图中的一家剧院声称请来
了1893年芝加哥世博会中途乐园的
"异国"舞者）和以简陋条件迎合劳
动大众的廉价游乐场。照片摄于大约
1912年的南斯塔特街。芝加哥历史学
会（ICHi–04793）。

图23 这座位于第十五街和沃巴什街的漂亮的城堡式大剧场，是一处可接纳大型会议、展览和体育活动的全功能场所，一直到20世纪还使用了很长时间，许多全国性政治会议在那里召开，包括1908年提名共和党人候选人威廉·霍华德·塔夫脱的会议。芝加哥历史学会（ICHi-02018）。

　　　　　　　　第三章　规划者眼中的芝加哥

未来也并不必然会沿着拜昂·阿诺德的最乐观预测所基于的那种趋势大幅扩张。

芝加哥的拥趸们热切地坚称，这座城市还有很大的发展空间。就算它有诸如肮脏、凌乱、腐败之类的缺点，就算它的文化底蕴不及历史悠久的东方城市那样深厚，那也是因为芝加哥像一位高大但稚拙的青年那样有待成熟。采用这个比喻的最知名作品要数卡尔·桑德伯格的著名诗作《芝加哥》，该诗发表于《芝加哥规划》出版几年后。桑德伯格将城市比作一位身材高大、孔武有力的年轻"壮汉"，他的懵懂莽撞和不修边幅正是他魅力的一部分。⁵²规划者们的远见卓识则在许多方面远超桑德伯格，后者对这座城市的那些现在看来陈旧迂腐、毫不适用于21世纪芝加哥的看法，即使在他写作的年代，也可以说是具有误导性的。

到了1890年代，当然那也是规划师们着手工作的时候，芝加哥的发展已经非常接近其地理空间的极限，城市的物质空间结构和经济结构也已基本界定。是不是芝加哥这座一向被看好的城市已不再受到时代的垂青？本地和外地的投资者确实在前往更西边的地区寻找经济扩张的新中心。芝加哥在其传统关键产业，如木材、粮

52

食甚至肉类加工等方面，正受到来自其他城市的激烈竞争。汽车革命蓄势待发，航空时代也将揭开序幕；这两大进步都将对芝加哥这座世界领先的铁路城市构成挑战。芝加哥的发展一直持续到20世纪中叶，但发展速度落后于市郊和一些新兴城市。尽管芝加哥人口中跨州、跨国移民的比例仍然很高，但这一比例一直在下降，而不久后第一次世界大战的爆发和移民限制政策又将大大减缓外国移民的流入。

当然，规划者无法预料到战争及它对当地的影响，但他们深切认识到，再也不能将城市的缺点看作特定发展阶段的必然特征，并且认为它会随着发展而自然地消失。只有包括他们自己在内的人民主动采取有效行动，历史才会站在芝加哥这一边。而行动的时刻已然到来。

53

第四章
万事俱备

到了20世纪头十年，重新设计芝加哥的两大要素已经具备：许多有识之士一致认为，需要对城市的建成环境做出重大改变，并且对于改变的内容，至少在大的原则上，也有一些共识。不计其数的组织和个人纷纷以演讲、集会、出版等形式提出他们的建议。在当时的诸多建议中，《芝加哥规划》脱颖而出，成为影响最广、最受铭记的一套方案。这并不是因为它的思想新颖独到，而是因为它的思想系统综合、逻辑严谨因而无可辩驳，以及它的支持者地位格外显赫。

《规划》在各方面的卓越品质都深受其背后丹尼尔·伯纳姆和芝加哥商业俱乐部这两股主要力量的影响。对伯纳姆而言，《规划》是他辉煌职业生涯的最后一笔，在很多方面达到了他个人的最高成就。它体现出他无与伦比的综合素养：既拥有广阔的视野，又能出色地把握细节；既保持着对目标的坚定专一，又能在不同的难题之间游刃有余；他的管理风格坚决果断，同时又具有一种呼应客户的最佳自我感觉的直觉意识。对商业俱乐部而言，重建芝加哥这种伟大的工程能够令它的参与者深为心动，并且充分发挥令他们得以跻身芝加哥商界领袖之列并获选加入这个精英组织的知识和才能。

丹尼尔·赫德森·伯纳姆1846年9月4日出生在安大略湖东岸、沃特敦市西南面的纽约州亨德森镇。伯纳姆的祖先可以追溯到17世纪新英格兰地区的清教徒，他本人在家排行第五，是父亲埃德温·伯纳姆和母亲伊莉莎白·伯纳姆的第三个儿子。1855年，伯纳姆一家搬迁到芝加哥，在那儿埃德温的药品批发生意小有成就。1850年代的芝加哥俨然是一个大都会奇迹，它的繁荣前景吸引了许多人才，丹尼尔·伯纳姆就是芝加哥第二代经济、政治、文化精英中的一员。第一代精英由所谓的"老定居者"组成，他们大多在1830年代和1840年代来到这里——一座前景无限的村庄。第二代精英中不乏零售商马歇尔·菲尔德、火车制造商乔治·普尔曼这样的人物。包括菲尔德、普尔曼和伯纳姆在内的许多人都来自新英格兰地区或纽约州北部的小镇。

　　年轻的丹尼尔·伯纳姆起先对自己的前途非常迷茫，不过1867年秋天他在芝加哥现代商业建筑学派创始人之一、建筑师威廉·勒巴隆·詹尼的公司担任绘图员时，似乎找到了自己的天职所在。得到詹尼的赞扬而备受鼓舞的伯纳姆在给母亲的信中自豪而激动地写道，"我完全爱上了我的职业"，然后又说，"这辈子我头一回确信自己找

55

图24 这幅令人印象深刻的伯纳姆肖像约绘于1910年，它被查尔斯·莫尔撰写的饱含崇敬之情的两卷本传记（1921年出版）用作了卷首插图。莫尔与伯纳姆合作制定了华盛顿特区规划，并且编辑了《芝加哥规划》。西北大学图书馆。

到了终身的事业"。第二年春天，伯纳姆告诉母亲，他已决心"成为全市乃至全国最优秀的建筑师"。在与母亲的通信中，他也反复确认了他的信仰——相信人具备无需强迫就能行善的能力，他的这种信仰源于他所受到的斯韦登伯格式的新耶路撒冷教会的教育。伯纳姆内心深知，典型的商业生涯充满着道德陷阱。"但是当人努力去求索上帝所创造那些统治着他的整个物质宇宙的美妙而实用的规律时，一切陷阱都不是问题，"他写道，"当我试图发现这些规律并在我的同类中运用它们时，上帝就会向我揭示它们，就会增益我的心智，开阔我的心胸，让我更接近他，更接近全人类。"这种观念支配着伯纳姆的整个职业生涯和社会生活。

尽管伯纳姆看上去对他工作的价值充满确信，但他还是在1869年离开了绘图桌，前往五年前才刚加入美国联邦的内华达州淘金碰运气。在他短暂的西部生活中，甚至还有一次失败的州议员竞选经历。伯纳姆的这段经历偏离了他不久前做出的成为建筑师的决定，但这或许并不太能说明他的人生目标摇摆不定，而更像是当时的一种普遍现象。那个年代的许多年轻人在安身立命之前，往往会先在不同地方尝试各种不同的工作，比如普

尔曼和芝加哥肉类加工商菲利普·D. 阿莫尔都曾在西部
有过类似经历。一回到芝加哥，伯纳姆就重新投身建筑
师工作。在"卡特、德雷克与怀特"公司，他邂逅了另
一位年轻有为、雄心勃勃的雇员约翰·韦尔本·鲁特。 56
到1873年，二十七岁的伯纳姆和二十三岁的鲁特已经组
建了他们自己的合伙公司。

　　伯纳姆和鲁特在事业上的重大突破，是约翰·B. 谢
尔曼雇用他们设计他位于草原大道和第二十一街交叉处
的住宅。考虑到1876年伯纳姆迎娶了谢尔曼的女儿玛
格丽特，这个项目更显得尤为重要。正如前文所说，谢
尔曼在芝加哥发展为牲畜销售和屠宰业中心的过程中是
一个重要角色。同时，他还在南部公园委员会中长期任
职，并成为了他女婿的亲密个人顾问。伯纳姆夫妇起初
一直是住在谢尔曼家里，直到丹尼尔和玛格丽特搬到位
于密歇根大道和第四十三街交叉处的新家。在1870年代
余下的几年中，伯纳姆和鲁特为不计其数的芝加哥成功
人士设计过住宅。他们还设计了联合屠宰场的地标，即
位于交易大道和皮奥里亚街交叉处的"牛头大门"，它
是这家当年盛极一时、谢尔曼在其中叱咤风云的企业如
今仅存的遗迹。到1880年代，两位年轻建筑师的项目

包括多所学校、商店、工厂。此时，他们开始设计一些为他们在现代建筑奠基者的行列赢得永久地位的公共建筑和商业建筑。而芝加哥也正是因为现代建筑开始声名远扬。

这一系列设计始于十层高的蒙淘克大厦（1882），它位于门罗街和迪尔伯恩街的交叉口，常被人们称为第一摩天大楼，并且是几座至今仍为芝加哥增色的建筑之一。这些建筑包括位于拉萨尔街和亚当斯街交叉口的鲁克里大厦（1888，伯纳姆和鲁特也将公司设在其中），以及杰克逊街和迪尔伯恩街交叉口的蒙纳德诺克大厦（1891）。他们在其他城市也有项目，不过主要的客户仍然是芝加哥人。伯纳姆和鲁特接受的设计委托涵盖了公园建筑、火车站、银行、酒店等类型，甚至还包括密歇根街和凡布伦街交叉口的芝加哥艺术博物馆最初的建筑（1887）。他们设计的位于拉萨尔街和昆西街之间的亚当斯街上的兰德·麦克纳利大厦（1890）是第一座全钢架结构摩天大楼。

在两人的合作中，鲁特扮演了主设计师的角色，伯纳姆则在公司编制的规划中确定了许多重要纲领。他还贡献了自己在组织、管理和营销方面的才能，这些能力

图25　建于1885—1886年，至今仍
耸立在拉萨尔街和亚当斯街交叉口东
南角的鲁克里大厦，宏伟而精巧地结
合了钢铁结构和石材承重墙。巴恩
斯—克罗斯比，约1905年，芝加哥历
史学会（ICHi–19186）。

57 对于寻找客户并满足其需求、协调公司内部职能、设计有特色的高质量建筑来说都必不可少。1886年，事业蒸蒸日上的伯纳姆携妻儿（他和玛格丽特育有三子二女）搬到了埃文斯顿镇的一所有16个房间、坐落在6英亩林地上的湖畔住宅中。伯纳姆这位城市生活的旗手在写给母亲的一封信里解释说："这样做是因为我再也不能忍受让孩子们在芝加哥的街道上嬉戏，特别是不能忍受让他们生活在南区。"这所宽敞的宅院多年来几经改造，并成为了伯纳姆一家美满家庭生活的中心。1891年，鲁特在进行芝加哥世博会场馆前期规划时去世，终年四十一岁，伯纳姆与鲁特那极为成功和谐的合作关系也无奈地

58 过早终止。伯纳姆将公司重组为D. H. 伯纳姆公司。直到1912年伯纳姆去世之前，公司一共接受了两百多项设计委托，其中大多数是大型建筑设计。

D. H. 伯纳姆公司的主要设计成果中现存的有：华盛顿街和斯塔特街交叉口西南角的瑞莱斯大厦（1895，最初由鲁特设计，1999年改为伯纳姆宾馆）、瑞莱斯大厦斜对面的马歇尔·菲尔德百货商店局部（1892，后多次扩建）、亚当斯街南面的密歇根大道上的管弦乐大厅（1905）。在管弦乐大厅的南面，D. H. 伯纳姆公司设计

图26　1888年伯纳姆和鲁特将他们的公司从蒙淘克大厦搬到了鲁克里大厦。鲁特逝世前不久，他们坐在鲁克里大厦里拍摄了这张照片，它体现出他们的合作和公司是多么稳固、成功和有底蕴。芝加哥历史学会（IChi-37303）。

了铁路交易大厦（1904，现为圣达菲大厦），并将其作为新的办公地点。在芝加哥以外，D. H. 伯纳姆公司设计的较重要建筑有纽约的熨斗大厦（1902）、华盛顿特区的联合车站（1907）和费城的约翰·沃纳梅克百货商店（这座华丽的购物中心在1909年开业时曾请到当时的总统威廉·霍华德·塔夫脱出席）等。

60

伯纳姆参与了一系列最终催生了《芝加哥规划》的项目，而这一系列项目则始于对芝加哥世博会场馆设计和建造的监管。不论世人对这届世博会本身的评价如何，他们都不得不惊叹于伯纳姆在这项浩大工程中展现出的近乎超人般的驱动力和管理才能。他住进了杰克逊公园工地上的一座小木屋，在那里指挥几十名设计师和数百名工人的工作。他对待工作如此专注而坚决，以至于让人感觉他几乎是凭着个人意志让那些叹为观止的建筑拔地而起一样。随着开幕日期5月1日的临近，他写信对玛格丽特说："最后这一个月的工作强度实在太大，你简直难以想象，我都惊异于自己在这种压力下的从容。"令他感到遗憾的是，世博会建设者中很少有人能达到他的高标准要求，"其余的人时刻都要我督促，这是最让我伤脑筋的"，字里行间流露出疲惫与不耐烦。

61

图27　伯纳姆在芝加哥世博会的伍迪德岛上建了这座小屋（在小屋的后面可以看到一些世博会建筑），这样他就能住在这个耗时耗力的项目附近。这张照片出自查尔斯·莫尔写的伯纳姆传记，关于它的说明提到了"艺术家的狂欢"，它指的是伯纳姆和与他共事的建筑师、艺术家在小屋的吊床上入睡前进行的那些时常情绪高昂的活动。"听画家和雕塑家开玩笑、说故事、讲笑话，开心地度过几个小时，"莫尔写道，"周日晚上还有由西奥多·托马斯的管弦乐团成员组成、由大师本人担任指挥的乐队带来的音乐。"西北大学图书馆。

图28 这张伯纳姆和项目中一些主要同事的合影可能摄于芝加哥世博会开幕前的那年冬天。荣誉广场的大型建筑在背景处若隐若现。左起：助理主管欧内斯特·R. 格拉汉姆；下一位姓名不详；伯纳姆；秘书M. B. 皮克特；下一位姓名不详；设计了几座世博会建筑的查尔斯·B. 阿特伍德。芝加哥历史学会（ICHi-02208）。

伯纳姆一直都为这项工作的成果自豪不已（他把杰克逊公园小木屋里的壁炉安在埃文斯顿的家里作为纪念），对自己的成就赢得的赞扬倍感骄傲。早在世博会开幕之前，纽约的建筑师和其他文化界领袖就曾在该市的一场宴会上向他的成就表达了敬意。美国建筑师协会在1893年和1894年选他当了会长。1894年，西北大学授予他名誉博士学位，而伯纳姆年轻时未能如愿就读的哈佛大学和耶鲁大学，也都授予了他名誉硕士学位，以此肯定他的成就。

在世博会项目期间，伯纳姆结识了他职业生涯中最重要的几位朋友和业务伙伴，尤其是建筑师查尔斯·F. 麦金（任职于纽约McKim, Mead and White 公司）、查尔斯·B. 阿特伍德和雕塑家奥古斯都·圣高登。伯纳姆将阿特伍德招入自己的公司，以承担许多过去由鲁特完成的设计任务。缔造了世博会场馆的伯纳姆确立了一些工作方法，并把它们运用到了之后的规划项目中。在编制旧金山规划期间，他延续了在规划杰克逊公园时的做法，在双子峰山顶的一座临时建筑内设立了工作室，他和员工在那儿可以俯视规划对象。在编制《芝加哥规划》期间，他要求在铁路交易大厦的屋顶建一座特制的阁楼，以便将整座城市尽收眼底。

伯纳姆从世博会之后的一系列规划项目中获益匪浅。当他与麦金同在华盛顿时，后者向他表明，精美建筑效果图的绘制和展示对于赢得公众支持有多么大的帮助。此外，伯纳姆还陆续结交了一些重要人物。他结识了密歇根州议员、华盛顿特区参议员委员会主席詹姆斯·麦克米兰的秘书查尔斯·莫尔。莫尔后来担任了《芝加哥规划》的编辑，并写了第一部伯纳姆传记。在伯纳姆的整个规划生涯中，唯一一次接受酬金是在规划克利夫兰的时候，而那样做显然是为了不令合伙人约翰·M.卡雷尔和阿诺德·W.布伦纳难堪，因为他们不像62 伯纳姆那样手头宽裕。伯纳姆的管理才能的一个方面体现在，在将D. H. 伯纳姆公司的日常事务托付给他人管理的同时，他仍然能够确保公司不断接到新项目并且圆满地完成它们。

63 　　伯纳姆偶尔也抱怨自己在公司以外的事务上花了太多时间。不过他总是尽量保证开支得到弥补，并且和他一起工作的同事得到适当的补偿。比如，爱德华·本内特在被指派编制《芝加哥规划》期间，每个月领取600美元薪酬。虽然这些规划项目的声望和它们直观可见的影响力可能使D. H. 伯纳姆公司从中获益，但以任何方式低估伯纳

图29　铁路交易大厦（现为圣达菲大厦）1904年落成于南密歇根大道224号。之前位于此处的建筑包括帕尔默之家宾馆的马厩。在这张2004年越过格兰特公园里的伊利诺伊中央铁路公司铁轨拍摄的密歇根大道照片中，铁路交易大厦处于中间位置，南侧是原施特劳斯大厦，北侧是博格—华纳大厦。D. H. 伯纳姆公司设计的管弦乐大厅位于博格—华纳大厦和铁路交易大厦之间，在照片上被树木遮挡。在照片上几乎看不见的圣塔菲标志的右边，是伯纳姆建造并用来创作《芝加哥规划》的"阁楼"，这也是当年许多来访者被带领参观"进行中的作品"的地方。哈兰·沃勒克，西北大学学术技术系。

姆在这些项目中投入的无数时间和所有的思考、辛劳、个人资产，以及他对这些项目所怀有的真诚和理想热情，对他来说都是一种伤害。

回头来看，丹尼尔·伯纳姆与商人俱乐部、商业俱乐部合作创作《芝加哥规划》是非常自然的事，自然到不可避免。实际上，伯纳姆本人就是他们的成员，他于1901年获选加入了商业俱乐部。他与这两个组织的成员一样，都持共和党的政治观点，为自己的成就感到自豪，信奉果断行动的效力，对芝加哥满怀责任感，这些特点体现为他们在各种市政、文化、慈善组织中广泛地担任要职。伯纳姆也像他们一样，对自己的动机和想法深信不疑，或许有时还有些自负。他与他们一样，认为自己的最高利益与整个芝加哥市的最高利益是一致的。

商业俱乐部成立于1877年，当时39位商界领袖在波士顿商业俱乐部成员造访芝加哥时受到启发，成立了自己的类似组织。他们将核心宗旨定为"通过社会交往和观点的友好交流，促进芝加哥的繁荣和增长"。商业俱乐部将其成员限定为必须要能代表某一领域的商业利益的人（最初的成员数量是60人）。他们定期在芝加哥俱乐部和其他类似场所（商业俱乐部从未建造过自己的会所）举行商业会议，随后是晚宴和讨论，讨论一般以一位或几位受邀演讲人的演讲为中心，演讲人通常是他们自己内部的成员。集会日程多年来历经变化，但会议的形式和宗旨却基本相同。

商业俱乐部成员的提名和选举条件包括俱乐部官方历史中所谓的"显著成功"。此外，选择新成员时，俱乐部还要考查候选人是否"关心大众福祉"，这需要候选人以"实际作为、慷慨付出和做更多事情的意愿"来证明，更不用说的是，候选人必须有"对城市和州的重要事务有广泛而全面的关注，并且为了社区利益能够大度地将自身利益置于次要地位"。俱乐部严格要求成员出席会议和参与俱乐部事务。成立于1896年的商人俱乐部在规模、目标和组织结构上与商业俱乐部大同小异，只是有意识地让自己的成员更年轻（参选资格之一是四十五岁以下男性）。两个俱乐部在1907年合并的一个主要动机，就是要集聚力量为芝加哥创制一个规划。

两个俱乐部的演讲人名单上大部分是功成名就的政治家、官员、学者、科学家、牧师、专家、改革家和文化领袖，这也反映出俱乐部成员的权力和威望，以及他们对芝加哥的繁荣昌盛的持续关注，他们参与了这座城市的建造，并且从中收获了丰厚回报。商业俱乐部成立第一年的会议议题包括"对欺诈的妥协"、"我们城市的现状"、"我们城市的街道"以及当时的贸易和税收政策。成员们还讨论了其他棘手的问题，如污染、失业、劳工暴力等。在商人俱乐部一次会议上，著名非裔教育家、发言人布克·T.华盛顿还以"南部的黑人问题"为题发表了演讲。两家俱乐部都曾邀请美国总统发表演说。商人俱乐部还邀请了纽约改革家雅各布·里斯就活动场地运动与他们交流了观点，而商业俱乐部则邀请简·亚当斯探讨了同一议题。

到编写《芝加哥规划》时，两所俱乐部集体选出了它们最重要的成就，包括：建立芝加哥手工业培训学校和其他类似机构，旨在帮助芝加哥工人阶级；降低工薪阶层贷款利率；公立学校改革；建立芝加哥卫生区；揭露并惩治本地腐败官员；协助举办芝加哥世博会；分别向联邦政府、州政府和市政府捐赠谢里登堡和大湖地区海军训练站用地、第二团军械库用地，以及西北区的一块操场用地。

在《规划》接近完成之际，商业俱乐部发布了一份宣传资料，列举了包括丹尼尔·伯纳姆在内的对创作《规划》有重大贡献的32位成员。这些人之间的相似之处，以及他们和大多数芝加哥人的不同之处，都是值得注意的。大体上，他们的工作地点位于市中心且彼此靠近；其住地更是聚集成团，主要分布在北区的黄金海岸区或南区的草原大道一带，仅少数人（比如伯纳姆）住在郊区，主要是城市北部的小镇；他们大多是重工业、大型批发业或银行和金融业的巨头；在《规划》诞生的1909年，他们的平均年龄是五十二岁，虽然其中两位重要人物查尔斯·D.诺顿和克莱德·M.卡尔当时分别为三十八和四十岁（1909年伯纳姆六十三岁）。

他们有一点与其他芝加哥人相似，即很多都不是土生土长的芝加哥人：32人中只有9位出生在芝加哥，有14位至少是到二十岁以后才来到芝加哥的。但他们与一般芝加哥人的共同点也就仅止于此。32人中有31位出生于美国，唯一例外的一位（弗雷德里克·A.德拉诺）出生于香港，但父母都是美国人。32人都信仰新教，属共和党，而且都是男性白人。在那个高等教育不像今天这样普及的时代，32人之中有20位（不包括伯纳姆）上过大学，其中10人就读哈佛、耶鲁或普林斯顿。有27人被收入1906年的《芝加哥名人录》。

他们不仅同是商业俱乐部的成员，还在各种合作组织的董事会以及其他许多商业、社交、文化和高尔夫球俱乐部中有着联系。有17人参加了联盟俱乐部，19人参加了大学俱乐部。伯纳姆参加了上述两个俱乐部，以及另外三个文学和艺术俱乐部（卡克斯顿、小房间和悬崖住民俱乐部）和两个高尔夫俱乐部（埃文斯顿俱乐部和格伦维尤俱乐部）。他们还加入美国酒吧协会这类专业组织，并参与管理了大量慈善、社会服务、文化机构。例如，8人是芝加哥交响乐团董事会成员，12人是芝加哥艺术博物馆董事会成员。这些基于公共精神的活动不仅是加入商业俱乐部的条件之一，也是在这个影响力巨大、凝聚力超强、志同道合的组织中联系起其成员的众多彼此交叠、相互强化的纽带之一。

商业俱乐部和商人俱乐部的成员都信奉城市美化运动的精神。他们显然了解伯纳姆在南部公园委员会主席詹姆斯·埃尔斯沃思的鼓励下向该委员会成员们提出的建议，即通过填湖造地建设市中心的湖滨游憩场所，并通过一个内湖和一条景观路将它与杰克逊公园相连。埃尔斯沃思是商人俱乐部的发起人之一。1897年2月，伯纳姆在商人俱乐部成立后的第一次会议上发表了关于"一座伟大城市的

66

需求"的演讲。不到两个月之后,他又站上讲台,就"南岸的改造"进行了探讨。此前一周,他和埃尔斯沃思在商业俱乐部的一次会议上讨论了"为提高芝加哥的吸引力可以做什么"这个问题。

　　1901年,商业俱乐部的前任主席、也是其他几个公共组织骨干成员的批发商富兰克林·麦克维,第一个提议伯纳姆和商业俱乐部联起手来,考虑如何改善芝加哥的建成环境。这个建议在伯纳姆自己的城市并没有掀起多大波澜,不过在此期间,他先后为华盛顿、克利夫兰、旧金山和马尼拉编制了规划。1903年2月,伯纳姆再次向商人俱乐部发表演讲,不过这一次的主题是"湖滨"。同年夏天,商人俱乐部成员德拉诺和诺顿请俱乐部主席瓦尔特·H.威尔逊组织一场晚宴,以表彰伯纳姆和与他合作的华盛顿规划者。德拉诺当时是沃巴什铁路公司的总经理(不久便升任总裁),后来他在外甥富兰克林·德拉诺·罗斯福总统治下担任国家资源计划委员会主席。诺顿当时是一家人寿保险公司的主管,后来当麦克维被任命为塔夫脱总统的财政部长时,诺顿成了他的首席助理。威尔逊在银行和房地产业工作。提议者没有掩饰晚宴的目的就是激起人们对编制芝加哥规划的兴

67

趣。它得到了威尔逊的同意，却由于伯纳姆的原因被迫取消，因为当时对于实施华盛顿规划的讨论正处于一个政治上的微妙阶段。

商人俱乐部没有放弃。1906年夏天，俱乐部另一位成员、《芝加哥论坛报》发行商约瑟夫·麦迪尔·麦科米克同伯纳姆谈论了为芝加哥创制规划的问题，当时他们正乘坐同一列火车由旧金山返回芝加哥。此前伯纳姆一直在试图说服刚刚经历地震的旧金山的市政府接受他的规划方案，但没有成功。伯纳姆的兴趣被激发起来了，但他向麦科米克忠告道，"筹划中的工作将是一个浩大的工程"。在伯纳姆看来，要让芝加哥接受一个规划，"只能由某些具有公共精神的组织打一场硬仗来实现"。再没有什么组织比商人俱乐部和商业俱乐部更合适了，因为这两个组织代表了将会受到最大影响的"财产利益"。

得知麦科米克的行动后，德拉诺和诺顿也马上找到伯纳姆。伯纳姆告诉他们，按照礼节，他应当与麦克维商谈。在伯纳姆和麦克维交谈之后，麦克维回信说，听到商人俱乐部的成员们已经在着手寻求规划，"以使芝加哥当前与未来朝着美观与便捷的方向实现发展、获得保障"，他"十分欣喜"。他也对伯纳姆愿意与他们合作感到高兴。"你是不二人选,"麦克维向伯纳姆保证说,"对于这一点,你非常清楚,我是一直坚信不疑的。"当时,商业俱乐部正为菲尔德博物馆的选址忙得不可开交,这个工作由于马歇尔·菲尔德1906年1月的离世而变得复杂。麦克维说,他"衷心支持"由商人俱乐部来领衔组织。他代表商业俱乐部的同仁对伯纳姆说:"我们都希望使你接受并完成这一工作。"伯纳姆给诺顿看了麦克维的信,通知他说:"我现在随时待命。"

68

作为当时或许是全国最有经验的城市规划师,伯纳姆考虑了他所需要的工作条件。他准备了一份备忘录,提出自己需要足够的办公空间、一名首席助理(将由本内特担任),以及工作所需的"专业领域和日常事务两方面"尽可能多的帮助。在谈到如何推进规划的问题时,伯纳姆写道:"全面的总体研究需要一直进行,直到基于逻辑排除,一个不证自明的总体规划应该已经被找到了为止。"接下来是细节的规划。即使在实际设计工作还没开始的最初阶段,伯纳姆就已经开始展望着"按大小不同的尺寸,用平面图、剖面图、鸟瞰图展现规划"。他建议说,"最终,所有的内容都要被印出来，配上全部的图纸"。伯纳姆还明确提出，他必须不受干扰地主持工作，并单独向俱乐部汇报，虽然他会在需要的时候咨询他人意见。

与此同时，诺顿与商人俱乐部的执委会讨论了如何预算成本以及怎样号召俱乐部成员和整个城市参与进来的问题。他建议，包括他自己在内的部分俱乐部成员可以用担保的方式先让规划开展起来，之后随着其他出资人的加入，他们的资金投入再逐步减少。9月17日，执委会通过提议，委托诺顿、德拉诺和威尔逊率先行动。到10月1日，他们三人已经与伯纳姆敲定了合同的基本内容，伯纳姆还告诉了他们哪些人需要他们在规划过程中始终保持沟通，并且邀请来参加一个宣布项目开始的宴会。这份名单包括伯纳姆之前规划工作中的同事和熟人、众多国会议员和其他联邦政府官员。"国家官员的出席，"伯纳姆解释说，"会让华盛顿以及芝加哥都运转起来，这个场合一定会让他们意识到，人们多么迫切地希望摆脱无序，并代之以城市的美观与便捷。"

商人俱乐部执委会于10月19日召开了一次闭门会69 议，拟议中的芝加哥规划是两个主要议程之一（另一个是公立学校管理改革）。执委会成员们希望商人俱乐部

"在理解'批准行为意味着每个成员都已准备好投入热情的支持和合作'的基础上"，批准财务委员会主席威尔逊负责这个项目。这意味着有保障的资金，以及俱乐部参与规划工作的可能性。根据他们的预算，2.5万美元是编制规划的最起码要求，而规划发布之后为保证其实施而进行的推广工作还需要比这多得多的资金。在威尔逊和其他推动这一项目的人员同意担保资金的同时，他们继续期待着作为个体的俱乐部成员以及更广泛的公众能为此慷慨解囊。

10月19日商人俱乐部会议的召开提醒成员们，多达半数的芝加哥商人近期才来到这座城市。这些初来乍到者已经听到太多关于芝加哥境况的悲观预测，却"几乎没有什么能够符合他们的憧憬和希望、能够增强他们对城市的自豪和忠诚的具体建设性建议"。一个"极富想象力的大规划"将令他们为之振奋，公众显然对"城市朝着有序和美观发展"抱有兴趣，并且相信这样的发展会带来实际收益。在丹尼尔·伯纳姆看来，芝加哥拥有"厚重的城市底蕴和潜力"，时机也恰到好处。在会上，诺顿宣读了两封信，一封来自公用事业巨头塞缪尔·英萨尔，他承诺捐赠1 000美元；另一封来自干货批发商爱德华·巴特勒，他承诺捐赠同样数额的钱，并许诺还将再捐赠4 000美元。执委会的提议当天就得到了通过。《规划》得到了规划。

70

第五章

创制《规划》

《芝加哥规划》通常被称为"伯纳姆规划"，这当然是恰当的，不过并不全面。丹尼尔·伯纳姆作为城市规划师的才干以及他对重塑芝加哥的浓厚兴趣对于启发并圆满完成这个项目具有不可或缺的作用。他在受雇于商人俱乐部（不久后并入商业俱乐部）之后领导这项工作，并且比其他任何人都更深刻地塑造了《芝加哥规划》的内容和形式。但《规划》的创作是一项需要凝聚很多人努力的极为复杂的工作。实际上，这项工作的标志性成就之一，就是以系统转变一座重要城市的结构为目标，创造了商人与商业建筑师之间一种新的联盟（当然，这种联盟的前身出现在旧金山规划中）。类似的联盟曾促成了芝加哥世博会，但那次政府也有参与。而且，尽管与世博会同样引人注目，《芝加哥规划》的雄心壮志显然要远大得多。

商人俱乐部和商业俱乐部的成员都是熟谙大型企业事务的成功实干家，并且都拥有独立和共同地参与城市建设的斐然业绩。他们委请伯纳姆来领导自己，是因为正如富兰克林·麦克维所评论的那样，伯纳姆证明了自己显然是这一特殊项目的合适领导者，他的公司设计了他们中许多人居住和办公的建筑，他本人监督了令芝加

71

哥引以为豪的世博会的建设，并且还为其他大都市编制过规划。实际上，正是伯纳姆的多项成就在他们头脑中植入了重塑芝加哥的念头。他们相信他的判断，认同他的眼光，并且钦慕他成就非凡事业的声望。

但是他们有一点与伯纳姆一模一样：芝加哥是他们的城市。他们和他一样准备好了去展示对芝加哥的承诺，他们相信自己有资格为了他们眼中的芝加哥的最大利益去行动，并且他们和他都知道自己的参与和支持对制定和执行任何这等规模的规划都是至关重要的。不过，当着手工作时，他们可能并未意识到他们为自己设置了一个多么艰巨的任务，需要多么大的付出。

在1909年7月4日《规划》出版之前的三十个月里，规划制定者们举行了几百次正式会议。在工作时间内外，他们还进行了无数次当面或电话的非正式讨论，交换了数以百计的便条、电报和信件。在《规划》结尾他们可以诚实地说，这是一项"系统而综合的研究"的成果，"唯一目的是为城市的物质发展确立理想"。即使并不自认为"细节完美"，但他们对整件事的价值还是信心十足，并可以因此宣称"我们满怀信心：〔摆在公众面前的整个〕规划为打造一座高度经济、便捷而美观的城市指明了道路"，他们可以将《芝加哥规划》公之于众。

在1906年10月29号商人俱乐部六名成员第一次开会讨论由俱乐部编制芝加哥规划时，丹尼尔·伯纳姆并不在场。那时，他们甚至都还没有决定将要设立的委员会的名字，会议记录的打字稿里的委员会名称留着空白，有人在空白处手写上了"（名称待定）"。不久它被确定为"芝加哥规划委员会"。在1907年初两家俱乐部合并后，他们成立了更大的总委员会，由其成员担任各小组委员会主席，每一个小组委员会负责研究《规划》涉及的城市各个特定部分，比如湖滨、连接南北两区的林荫道和铁路站点。到1908年，它们已演化为分别以湖滨公园、街道和林荫道、城际道路、财政和铁路站点为主题的多个委员会。

这些规划者的首次和随后几次会议都在研究怎样筹集制定规划所需的资金。与此同时，伯纳姆负责另外两个方面：一是确定并按优先顺序排列规划需要解决的芝加哥的关键问题，二是收集理解现状和预测未来所需的相关信息。委员会成员和伯纳姆共同担负的一项艰巨任务，是游说当地和该州的政商领袖，争取让他们支持俱乐部将要提出的建议（或者至少减少他们的反对）。他

72

73

们还帮他掌控何时、怎样以及在什么人中宣传规划师们的工作。如果说伯纳姆并未参加第一次会议，那么在其他许多会议中，他则是主导力量。他在位于铁路交易大厦14楼的D. H. 伯纳姆公司的办公室里，主持了几十次这样的会议。他让一个绘图小组在本内特的监督下工作，地点是他建在大厦屋顶那间俯瞰着密歇根大道、格兰特公园以及稍北的艺术博物馆的特别工作室。

为了计划资金的筹措，商人俱乐部敦促伯纳姆估算费用，伯纳姆在1906年圣诞节前提交了一个预算。他告诉他们，他将无偿奉献自己的时间。同时，除了编辑和出版最终报告以及向公众推广的费用，他希望把所有开支控制在2.5万美元以内。伯纳姆编制《规划》的最终费用比预算多了约1万美元，这主要是因为《规划》内容比最初设想的要广泛得多，完成时间也比原定推迟了十六个月。1908年12月总委会的一份账目显示，伯纳姆自掏腰包拿出1万美元用于"以更吸引人的形式、配上丰富的彩图"印刷《规划》，以及雇用曾编辑过《华盛顿规划》的查尔斯·莫尔协助写作和编辑《芝加哥规划》。截至出版时，总编制费用约为8万美元。

俱乐部支付所有这些开支的主要策略是征募捐款

图30　1908年，几位主要规划师在伯纳姆位于铁路交易大厦的办公室里开会并用餐，其间他们拍下了这张照片。桌旁左起顺时针依次是爱德华·B. 巴特勒、伯纳姆、查尔斯·D. 诺顿、克莱德·M. 卡尔、爱德华·F. 卡里、爱德华·H. 本内特、约翰·德拉梅特、查尔斯·G. 道斯、查尔斯·H. 瓦克、约翰·V. 法威尔、约翰·W. 斯科特、埃莫森·B. 塔特、西奥多·W. 罗宾逊、查尔斯·H. 索恩和约翰·G. 谢德。他们后方是《规划》的插图。芝加哥历史学会（ICHi–03560）。

人。为此，它充分利用了它的富有成员和他们的交际能力。作为捐款的回报，认捐者可获得参与这项事务的名誉，以及表现出对城市的信念和忠诚所带来的自我满足。募捐运动很快就达到了最初的目标：找到300个认捐100美元的人。1907年底，规划制定者们希望每位认捐者在三年内再额外出资300美元。他们现在的目标是10万美元，这是他们测算出的完成《规划》并给以充分宣传以达到城市认可所需的成本。

在这些注重实际的富人中间有过一些小争论——关于某件事情的精确成本，关于谁应该为哪件事情买单，甚至还有过关于伯纳姆办公室会议午餐价格的争吵信件。但是这些意志坚定的人有着不容小觑的团结、专注和慷慨。当出现资金紧张时，核心领导层内部决定由自己担负开支，不论这些开支最终能否被认捐者的额外捐款抵销掉。根据1908年12月的财务报告，某位姓名不详的成员提供了1万美元的"特别捐赠"，"以使委员会能自由地以最宏大的视野来制定《规划》"。

他们的确是以最宏大的视野来制定《规划》的。到1907年初，这项工作已经全面铺开。伯纳姆向本地和全国的个人、部门、机构寄了几十封信，询问芝加哥

第五章　创制《规划》

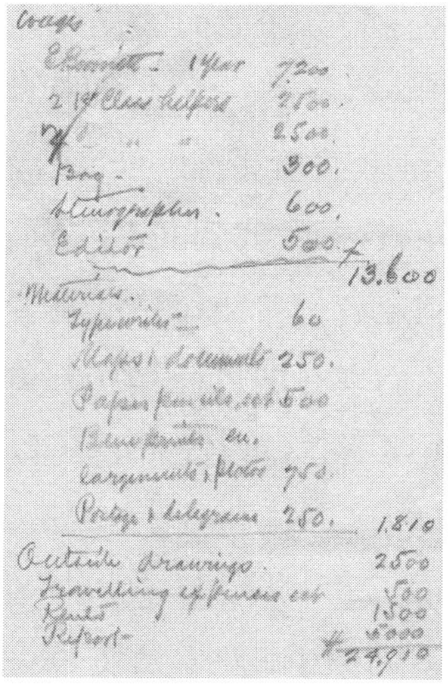

Wages		
E. H. Bennett – 1 year	7200	
2 1st Class helpers	2500	
2nd " "	2500	
Boy	300	
Stenographer	600	
Editor	500	
		13,600
Materials		
Typewriter	60	
Maps & documents	250	
Paper pencils, etc	500	
Blueprints etc.		
Enlargements & photos	750	
Postage & telegrams	250	
		1,810
Outside drawings		2500
Travelling expenses etc		500
Rents		1500
Report		5000
		$24,910

图31　在伯纳姆早期关于预算支出的笔记手稿中，数额最大的一项是本内特的工资（每年7 200美元），伯纳姆认为它将占所需工资总额的一半以上。被他看作对赢得公众支持至关重要的图画创作也是一项大开支（2 500美元），还有最终报告的制作（5 000美元）。值得注意的是，伯纳姆还计算了在铁路交易大厦顶层租用办公场所的租金费用（1 500美元）。他在提交给商人俱乐部的更加正式的预算中去掉了这里列出的一些项目。《规划》的创制最终历时两年半（而不是这里估计的一年），耗资也稍多于之前预算总额的三倍。丹尼尔·H. 伯纳姆：给查尔斯·诺顿的信，1906年11月21日。《爱德华·H. 本内特文集》，瑞尔森与伯纳姆档案馆，芝加哥艺术博物馆。芝加哥艺术博物馆授权复制。

河航行船舶的桅杆高度，市内铁轨的里程数，街道坡度的详细数据，进出和途经芝加哥的旅客和货物数量等数据。他写信给美国驻国外的领事，请他们提供关于欧洲和亚洲大城市布局的地图和技术信息。他收到了许多来自全国各地的询问，以及经他请求或主动提出的建议。其他人也以伯纳姆或自己的名义收集了信息。比如，一直担任总委会主席（总委会本身有过多次变动）的查尔斯·D. 诺顿请求芝加哥大学政治科学系教授，直率的地方政府改革倡导者查尔斯·梅里亚姆估算1881年至1906年的二十五年间芝加哥花在重大改造项目上的费用。诺顿希望能够说明，有总体规划的城市改造可以比没有规划的情况省下多少成本。

伯纳姆和《规划》的几个委员会的成员最大限度地运用了他们可观的政治影响力。他们相互讨论了要起草或修订哪些法律、需要哪些人的支持以及怎样最有效地说服这些人。为此，他们收集了本地和该州民选官员和委员会领导的名单，创建了若干顾问委员会，其人员包括伊利诺伊州州长查尔斯·迪宁，芝加哥市长弗雷德·巴斯，众多市议员，以及排水系统理事会、教育理事会、艺术博物馆、芝加哥商业协会、公园委员会、西部工程师学会、美国建筑师学会等组织的官员们。他们邀请了许多这样的杰出人物为规划贡献智慧和经验。规划制定者拥有足够的智慧去倾听一切意见，即使是相左的意见也不会被无视或怠慢。如果意识到某些政治家和商人可能是在觉得自己的利益被忽视，委员会主席就会努力打消他们的疑虑。比如，分管拟议中密歇根林荫道方案的委员会的主席克莱德·卡尔告诉伯纳姆，他请房地产理事会主席顺道去伯纳姆的办公室进行一次当面交流，"因为我非常希望得到房地产理事会最大限度的支持"。

有时，规划制定者们去斯普林菲尔德与州政府官员协商。他们对1907年9月17日的改革宪章的公民表决兴趣浓厚——如果提案通过，地方政策的权力将会得到增强，这正是像商业俱乐部成员这样的共和党商人所乐于见到的。不过提案还是被选民否决了。1907年初，规划方组织了一次与南部公园理事会成员的商谈（他们提出的任何影响格兰特公园以南湖滨的建议都要得到该理事会许可）。同年秋，他们开始特别安排他们试图打动的那些人到铁路交易大厦楼顶的绘图室来参观工作的进展。他们邀请的组织包括工业俱乐部（1932年并入商业俱乐部）和芝加哥商业协会。10月30日他们接待了市长、市政府首席律师、地方改进理事会主席以及绰号"小怪物"的第一区市议员麦克·肯纳和绰号"澡堂"的约翰·科夫林。邀请名单包括了一些在许多改革者（毫无疑问特别是商业俱乐部成员）看来人品相当可疑的政治家，这体现出规划者在试图为他们的工作获取支持的时候非常变通和务实。

在芝加哥政坛与肯纳和科夫林政见对立的简·亚当斯也是他们的咨询对象，她是规划制定者就霍尔斯特德街拓宽工程咨询意见的许多西区人士中的一位。据一份总结她回应的内部文件说，亚当斯表示，"如果改造是为城市的整体提升而精心计划的方案的一部分"，那么赫尔之家不会反对它。尽管影响不大，但亚当斯是极少数对《规划》的创制有过影响的女性之一。可叹的是，这并不奇怪，因为当时芝加哥很少有女性经营大生意，并且直到1914年，女性都没有投票权。但不同寻常的是，像亚当斯乃至市长、州长这样声名赫赫的人物，似乎都十分认可伯纳姆和商业俱乐部的其他成员——他们不过是一个小型民间组织里的几十号人——有权为影响所有芝加哥人的重大改变提供方案。

　　　　　　　　　　　　　第五章　创制《规划》

伯纳姆以他特有的热情和精力投入到项目中。有时他为参加规划会议而改变邀约日程和差旅安排，但《芝加哥规划》并没有占去他的全部时间。他在1907年春天和次年两度到欧洲旅行；他继续会见自己公司的客户；他还因健康问题休养了几星期。伯纳姆分身乏术的时候，本内特经常担当他的中间人，当然伯纳姆仍然毋庸置疑是掌控者。本内特住在埃文斯顿以北相距几个镇的莱克福里斯特，有时候星期天晚上他会住在伯纳姆家里，这样他们可以讨论工作的进展，并在第二天早晨去芝加哥的路上将讨论继续下去。

本内特的回忆录表明，尽管伯纳姆强调要考虑不同问题的所有可能解决方案，以及每个方案涉及的各种细节，但他一直让自己和同事们将关注的焦点放到战略图景上。在1908年9月《规划》的主要委员会的一次会议上——当时工作正接近尾声——伯纳姆饱含激情地告诫大家，不要因为意料之中的反对或其他复杂情况，就在他们的重要提议上做出妥协。他告诉同事，他"极其反对不追求最佳"，认为"宁可等几年以赢得最佳方案，也比权宜地采纳一些不合理方案以致最终不得不全部推倒重来好"。 78

图32　爱德华·H. 本内特。规划师年轻时的肖像。西北大学图书馆。

同事们的回应同样认真而热情。弗雷德里克·德拉诺写信告诉卡尔，后者所在的密歇根林荫道方案委员会"应该排除一切障碍以使方案得到通过"。《规划》中也有一些想法是来自伯纳姆之外的商业俱乐部成员，如湖滨委员会（后来的湖滨公园委员会）主席爱德华·巴特勒，他多年来一直思考如何提升城市的这一区域，而铁路公司经理德拉诺之前则写过一份关于重组芝加哥铁路服务的报告。委员会成员的工作进度随着如此庞杂的任务的多变要求而时快时慢。在或许由宪章改革失败引起的一个明显的消沉时刻，查尔斯·诺顿在公民投票失败一周后的会议上说，或许现在"除了如伯纳姆先生可能要求那样参加这些会议之外，委员会已经没什么可做了"。然而，诺顿和其他人此后对规划的高度参与表明，他们从未停止努力。

79

《芝加哥规划》的文本是充满信心地提出自己的建议的。不过规划制定者的内部通信表明，关于这些建议的最终形式，曾有过大量讨论，有时甚至是分歧。他们还在权衡之后去掉了一些令人惊异的想法，其中之一是将市政厅从它当时（也是现在）所处的位置西移一个街区，然后在它和县政府大楼之间造一个购物中心，而不是像现在这样把它们合并为一座建筑。另一个想法是把芝加哥河南支流西移大概15个街区、将近两英里的距离到阿什兰大道，以促使市中心沿着这个方向扩展。有三组设计的演变对于理解规划师们的工作尤其重要：密歇根大道方案，芝加哥河河口和附近湖滨地区，以及铁路站场规划方案。

密歇根大道规划方案涉及在芝加哥河主河道南北两岸对这条路的拓宽和抬高，同时以一座双层大桥连接南北两段，这将把密歇根大道变成一条连接南区和北区的连续的林荫大道。关于芝加哥河和湖滨的讨论考虑了河湖交汇地区的岸线是否应该以及以多大规模安设用于大湖流域商业航运的港口设施。至于铁路站点，规划者希望，通过使途经芝加哥的货运列车不进入市中心，同时在市中心重新组织客站布局，可以减少低效和拥挤。

所谓"连接北区和南区的林荫大道"问题是让规划者们深思熟虑并为之建立了特别小组委员会的第一项实质性任务。他们将这一问题视为优先，可能是想利用这一问题显示他们比别人棋高一着，因为伯纳姆告诉他们，城里的其他团体当时正在讨论同一议题。将芝加哥河主河道南岸的密歇根大道和北岸的派恩街变成一条

80

连续林荫道的想法经历了至少三年的认真研究，对很多人而言，这个改进是明显和必要的，特别是因为当时主河道最东端坐落在拉什街的桥是个可怕的交通瓶颈。在规划制定者看来，抬高这条路的做法，一是能使它跨越北岸的芝加哥西北铁路公司的轨道，二是能让商业企业和过往车辆在下层道路上经营和通行，而娱乐活动和零售交通则可以不受大型车辆干扰，在上层道路上顺利进行。然而连接密歇根大道和派恩街是一项极其复杂的任务，并且这种复杂性不仅体现在设计和施工上。它的实施需要得到不同政府部门的许可，对河南岸道路东侧和河北岸道路西侧的土地的征用，以及相应的法规，更不用说还要在关于发行建设债券的公民投票中赢得广泛支持。

商业俱乐部竭尽所能支持自己的密歇根大道规划，花费数千美元雇用了一位公关人员，并且在《芝加哥规划》全本发表之前单就这项改造制作了特别宣传册。正如伯纳姆所料，其他团体在《规划》创制期间提出了截然不同的设计。比如，密歇根大道改进协会提出修建一座单层大桥和仅100英尺宽的林荫道，并发行了自己的宣传册，用以赞扬它的规划简洁、美观、花费较低且没有法律障碍。密歇根大道是1907年10月底规划制定者与巴斯市长、肯纳和科夫林市议员以及其他市府官员会议的主要议题。

　　在两年多的时间里，伯纳姆一直敦促他的同事要坚持"理想"方案：尽最大可能拓宽密歇根大道（按他们计算可拓宽至246英尺），抬高它以建造双层道路，横跨河流建双层大桥并在桥梁上层两端建立购物广场。他就宣传册的文字从欧洲给本内特写信，吩咐他要尽可能清晰地向这一地区的房地产主指出，商业俱乐部的建议会使他们所持物业升值。"如果既有的说法能够打动房地产主，那当然万事大吉，我们达到目的；要是不能，就必须毫不掩饰地摆出这个关于房地产观点，"伯纳姆写道，"因为正如他们所坦承的，他们是在为自己的钱袋而战。"随后他继续写道："所以对他们来说，没有什么比证明这个方案能够非常直接地带来收益更有分量。"

　　世博会后不久开始的关于湖滨地区未来发展的讨论，在20世纪头十年不断深化。讨论的焦点不只是如何处理格兰特公园，还有保留湖滨并将其发展为公共公园是否会危害城市商业的繁荣。正当州长迪宁即将签署一份在1907年4月通过，将批准在格兰特公园和杰克逊公园之间修建湖畔景观路的法案时，他收到一封来自该规划最坚定的反对者的信，此人是W. H. 比克斯比上校，他是负责芝加哥的联邦工程的美国陆军工程师。比克斯比想沿格兰特公园南部和北部的湖岸建一排码头，以服务航行湖中的船只。几星期后，比克斯比写信给德拉诺说，"芝加哥未来的繁荣有赖于一个'外港'"，对附近其他基础设施的改造不过是些"鸡毛蒜皮"。1908年初德拉诺邀请比克斯比来到伯纳姆的办公室，与伯纳姆、总委会和湖滨委员会的成员共进午餐。

显然，比克斯比的观点是建立在"制造业和批发贸易将继续分布在市中心或附近"的假设之上，这就使得为船舶提供进入这一区域的途径变得非常重要。不论他是否正确，如果采纳他的建议，市中心的湖滨有很大一部分将被码头、铁轨和仓库占据。商业俱乐部很快回应了比克斯比的反对。诺顿给俱乐部主席约翰·法威尔写信说，与他一起工作的规划制定者都认为"赞同建外港的意见已经多得足以使外港成为一个无法回避的战略问题，因此我们现在明确声明，商业俱乐部将任命一个委员会与伯纳姆先生一起研究这一问题"。这并非全是敷衍，因为伯纳姆等人之前就曾因有人建议城市需要一个改进的外港以供过于庞大而无法驶入芝加哥河的船舶使用而犹豫不定过。不管怎样，他们邀请了几位通晓五大湖地区贸易的芝加哥人提供意见并收到了书面建议。

一些被征求意见的人同意比克斯比的想法，但认为"货运的未来在于火车而非船舶"的观点占了上风。本内特等人还认为，卡吕梅港比离芝加哥市中心更近的那段湖滨更适合用作商业港口，因为它的位置能够为越来越多地布局在城市远南区的重工业提供通达途径。此外，将大型货运集中在卡吕梅港还能减少升起芝加哥河上桥梁的次数，从而缓解市中心的交通问题。而且，当然，这样就能保留离河更近的湖滨地段用于休闲开发。

当1907年2月查尔斯·诺顿写信给五金批发商阿道弗斯·巴特利特谈论后者可能将在铁路站场委员会的任职时，诺顿把客运车站的重新布局形容为"伯纳姆先生在准备他的《芝加哥规划》时面临的最大问题"。迁移站场将影响二十来家相互竞争的私人铁路公司，这些改变进而要求重新安排道路、电车线路、高架火车、地铁和其他城市基础设施要素。但几乎每个人都一致认为必须有所行动。规划者的解决方法是，利用他们在商界的影响力，让不同铁路公司的最高管理者坐到一起直接相互协商。他们写信给所有在芝加哥营业的铁路公司的主管，邀请他们亲自或派代表参加1908年7月14日在伯纳姆办公室举行的自助午餐和历时整个下午的会议。

这次会议的记录显示，伯纳姆和规划委员会成员告诉他们的客人，这次会议的目的是在铁路站场委员会和铁路公司之间"建立一种自由交流的途径"，目的是"为一个共同目标相互协作，并确保《规划》得到铁路公司的合作和认可"。规划者展示了他们关于怎样处理铁路拥挤和低效的想法，然后让客人自己讨论。讨论结束时，铁路公司的经理们感谢了主人，然后令人费解地表示，他们希望向委员会确认"我们希望尽最大的努力与你们合作——至少可以全面讨论可能或可以做什么，以及何时我们能够去做"。在《规划》出版后的数年里，这个问题仍然悬而未决地在讨论中。

1908年初春，伯纳姆提交了《规划》草案。4月30日，总委会通过决议接受了这份文件，宣布伯纳姆"彻底而完整地完成了"他受雇要履行的条款，并对他的工作表达了谢意。在伯纳姆的推荐下，规划制定者邀请伯纳姆编制华盛顿规划的同事、现为底特律一家信托公

83

司经理的查尔斯·莫尔完成《芝加哥规划》的写作和编辑。莫尔的费用是2 000美元外加各种开销。伯纳姆继续出席和主持各种会议，并以演讲和写作支持《规划》，直到在总委会那次致谢决议后的第四年去世。

在草案完成之前几个月，伯纳姆和本内特组织了一个由七位有才华的艺术家组成的团队来绘制与文字相配的图画。伯纳姆相信，让《规划》中的想法拥有视觉上的说服力和感染力，对于赢得芝加哥人对规划方案的支持而言至关重要。儒勒·盖兰（Jules Guerin，这是出现在《规划》中的名字，但在和伯纳姆的通信中他的署名为Guérin）和费尔南德·简宁是最重要的两位插图画家。1866年出生于圣路易斯的盖兰是油画家、插画家和壁画家，他为华盛顿规划绘制了一些效果图。他的作品让一些重要杂志的页面增色不少，后来还装点过纽约的宾夕法尼亚火车站、1915年旧金山的巴拿马—太平洋国际博览会和华盛顿的林肯纪念堂。他在芝加哥城市歌剧院的装饰性防火幕上描绘的歌剧《阿依达》中的游行场景——令人叫绝地组合了玫瑰色、粉色、橄榄色、金色和青铜色——至今仍令芝加哥观众感到赏心悦目。简宁绘制了主要的立面图和透视图，本内特显然从这个巴黎

图33 儒勒·盖兰，摄于1924年。西北大学图书馆。

人还在巴黎美术学院读书的时候就知道他了。参与《规划》时，简宁尚未到而立之年。

规划制定者将出版工作委托给商业俱乐部成员托马斯·唐纳利的莱克赛德出版社，由唐纳利本人负责监督。他们最初计划出版1 000本，但后来增加到1 650本，其中包括伯纳姆预订的100本和诺顿预订的50本。他们决定按出版艺术图书的方式发行这本书，一名成员称之为"豪华限量特别版"，每本书有自己的独立编号。这既能回馈捐赠人，又能令读者印象深刻。本内特为封面设计了一个商业俱乐部徽标。最初安排的出版日期——对这样一本精心之作而言早得有些不切实际——被数度推迟。1909年1月28日，规划制定者们会面商讨了前六章的校样。3月14日，他们批准通过了整部稿子。终于，在7月4日，《芝加哥规划》准备好了迎接全世界的目光。

85

第六章

阅读《规划》

《芝加哥规划》是一份开创性的文件，是它的几位创制者对芝加哥、对城市规划以及"如何尽可能有力地呈现一种对现代城市生活的不同理解"进行思索的产物。它读起来像是伯纳姆某次演说的加长版，融合了激动人心的布道和由坚实数据与谨严逻辑构成的抽象原则。

　　在第八章即最后一章，《规划》提供了一份很实用的核心建议归纳，共六点：

　　1."密歇根湖滨改造"，特别是沿岸绿化带建设和格兰特公园改造，正如伯纳姆自1890年代中期以来一直在呼吁的；

　　2."市区外围公路系统的创建"，其形式为集中化的半环线公路，其中最外边的公路将从威斯康星州的西南部绕至印第安纳州的西北部；

　　3."火车站场改造"，主要是将它们沿着当时主城区边缘的运河街和第十二街布局；还有"完备的铁路客货运系统的建立"，其构成包括火车、隧道、高架高速交通，以及使经过芝加哥的物流交通绕过市中心，并使该地区乘客的到达和离开更为高

86

效和舒适的地铁；

4."外围公园系统和绿化道环线的获得"，这是延续外围绿带委员会自1903年开始的工作；

5."城市内部街道的系统布局，以方便进出商业区的交通"，包括新辟对角线街道和拓宽重要干道；

6."文化中心与行政中心的建设，它们需要密切呼应以为城市带来统一性与凝聚力"，特别是要在格兰特公园毗邻艺术博物馆处为菲尔德博物馆和克雷雷尔图书馆建造新馆，并在拓宽后的国会街和霍尔斯特德街的交叉口建造一个供政府办公用的大型市政中心（克雷雷尔图书馆成立于1897年，属于私人捐赠却对公众开放，在规划进行时，它位于马歇尔·菲尔德大楼）。

《规划》的末章之后是附录——"芝加哥规划的相关法律问题"，由律师同时也是商业俱乐部成员的沃尔特·L. 费希尔撰写，他是芝加哥市民选举联盟的前主席、后来的塔夫脱总统的内政部长。该部分详述了《规划》中有哪些建议可以在现行法律下开展，哪些需要法律做出变更，尤其是涉及城市当局征用私有财产的权力的条例。费希尔认为规划中许多项建议都在现行法律下可行，并且法律也很容易通过一些其他建议。他注意到《规划》最富野心的一些计划需要获得额外授权，其中最重要的当属突破当前债务额度发行债券的权力。

　　将《芝加哥规划》浓缩为一系列要点，将有可能忽视阅读这一华丽篇章的美妙体验，也有可能会错过那些作者真正想表达的东西，即那些文字背后关于芝加哥的深刻理解。作为缜密思考的结果，《芝加哥规划》一书首先给人一种感觉而非意念上的吸引力。和伯纳姆公司设计的许多建筑一样，本书散发着质朴而坚实的庄严感。的确，整本《芝加哥规划》有12.5英寸长、10英寸宽、1.75英寸厚，重五磅多，深绿色的封面配上烫金的标题和商业俱乐部的花样装饰，内页采用米黄色纸张，有装饰性的页眉和修剪整齐的边。它不是一本普通的书，而是一部巨制，它的基座应该是一张被擦得铮亮的雅致的红木办公桌，而书本身的面貌则预示着它将得到人们的理解和尊崇。

　　当人们充满敬意地打开《规划》后，这种印象将延续下去。扉页一个简短的提示告诉幸运的读者，他或她有幸拥有了限量发行的1 650册中的第几册。标题页背

图34　印有本内特设计的商业俱乐部标志的《芝加哥规划》。这一本是西北大学查尔斯·迪林·麦科米克特别收藏图书馆的馆藏。斯蒂芬妮·福斯特，西北大学学术技术系。

面是盖兰的第一幅渲染图，虽然人们很容易就能辨认出该图的主题是密歇根湖西南部与聚居区平原交汇区域的鸟瞰，但图画为了展现这一宽广视野而选取的视点是如此高远，以至于人们在图上能辨识出地表的起伏。大地和水面冲击着人们的眼球，俨然一阕壮丽的史诗，而非单纯的物质形态。标题页向读者传达出一种深邃的庄重感。《规划》所经历的三年以及它的出版日期，也以庄重的罗马数字标明。虽然该书谈论的是未来，但它把自身呈现为了一座历史的纪念碑。

　　体会到《规划》一书装帧的精美后，人们的第一冲动并非静下来看看书中究竟要说什么，而是恭恭敬敬地翻阅一遍，以体验其严谨的华美，他们的注意力首先会集中在124页正文中诸多醒目的插图上。由此，阅览者——尚且不算读者——进入了一个不一样的世界。如 90
前所述，《规划》只有很少一部分展现芝加哥现有风景。相反，插图让我们沉醉在了规划师激发我们去想象的芝加哥里。简宁用内敛的黑色与棕色绘制的市政中心的正立面，呈现了一个理想的新古典主义城市景观的蓝图，这幅图景以一个有四十多层楼高的高大穹顶为标志，它使周边那些围绕并衬托它的雄伟建筑都相形见

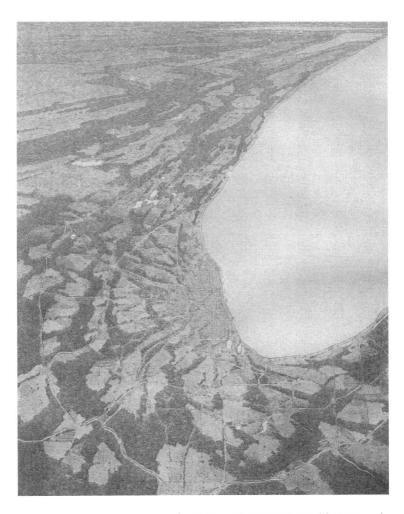

图35 盖兰的画作正对标题页，它
向读者展现了他为描绘出一个不同的
芝加哥而在《规划》通篇所使用的
丰富色彩。芝加哥历史学会（ICHi–
39070_1e）。

PLAN OF
CHICAGO

PREPARED UNDER THE DIRECTION OF

THE COMMERCIAL CLUB

DURING THE YEARS MCMVI, MCMVII, AND MCMVIII

BY

DANIEL H. BURNHAM

AND

EDWARD H. BENNETT

ARCHITECTS

EDITED BY

CHARLES MOORE

CORRESPONDING MEMBER AMERICAN INSTITUTE OF ARCHITECTS

CHICAGO
THE COMMERCIAL CLUB
MCMIX

图36 《芝加哥规划》标题页。芝加哥历史学会（ICHi–39070_1f）。

绌。盖兰那种使用有限但富于表现力的色彩（大多是从柔和的米色和蓝色，换到深紫和棕色）的技巧，以及他的透视技法，引领我们进入了一片前所未知的宁静的文明之地。

甚至当人们静坐下来领会插图间文字的要义时，他们也还需要一些时间才能进入《规划》的正题。具体规划建议的阐述直到第三章才会开始。前两章是给读者思维的铺垫，它们解释了规划为何是必要的，并从宏观角度描绘了有效的规划意味着什么。开篇第一章"芝加哥规划的起源"追溯了通往《规划》的一连串足迹，从哥伦布世界博览会，到商业俱乐部进行研究以对"芝加哥的客观现状"提出改善建议的决定。第二章"古代和现代的城市规划"强调了规划所沿袭的传统，并对作为卓越城市规划作品的巴黎加以盛赞。最后，接下来的五章是规划方案。它们大致是以地理顺序从芝加哥外围向中心推进：绕城公路、公园、交通系统、市区。全书最后以对市政中心的讨论收尾，该书用一个建筑的比喻将市政中心比作《规划》的"拱顶石"。

然而，要在《芝加哥规划》中找到严格的逻辑顺序恐怕是具有误导性且徒劳的。它的规划建议并不总是在系统展开，某些地方言辞累赘。尽管各章节常常提供了

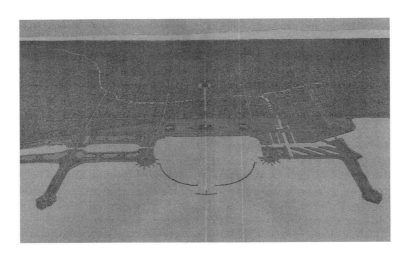

图37　儒勒·盖兰绘制了《规划》
的12幅插图，包括11张建筑效果图
和一张阳光明媚的密歇根大道的图。
与其他几位插图画家的作品相比，盖
兰的画作赋予《规划》以独特的视觉
特征。这幅画的全名是"芝加哥，
向西俯瞰城市，展现了规划中的市
政中心、城市主轴线、格兰特公园
和港口"。芝加哥历史学会（ICHi－
39070_5s）。

大量信息，但要准确抓住《规划》究竟在建议什么可能会有点难度。并且，尽管该书毫无疑问制作精美，但细节的准确清晰显然不是《规划》中插图的优先考虑。甚至连照片也似乎是为了给人一点主观印象而不是在真实记录什么，插图更多表达了规划的意向而不是明确的方案。虽然它们是精心绘制的，且不时附有解释性图例，但往往很难让人理解，无论它们多么吸引眼球。书中文字也没有多少帮助，因为它们几乎没有提及图片。一个例外是对市政中心的穹顶的简要提及，但即便这里，《规划》仍坚持认为自己"并不寻求给建筑物强加某种特定的形式"。在另一处，当《规划》谈到交通，它声称自己不过是选取了一些合乎逻辑的自然线路。规划制定者希望由工程师和其他专业人士来决定各种改造的最佳区位，也信任由建筑学的院校和机构来完成设计。

　　在这样一份大胆而雄心勃勃的文件中奇怪地出现了这么一个谦卑的元素，实际上似乎多少算是对一种普遍批评的回应。这种批评认为《规划》的创作者或者至少插图作者，似乎漠视甚至拒绝承认芝加哥在现代建筑领域中的前沿地位，这种地位很大程度上建立于伯纳姆和鲁特或D. H. 伯纳姆公司设计的众多优秀的大型商业和公

91

图38　上图表现的是由纪念性建筑
和高度整齐划一的城市景观所构成的
城市意象，这类插图引发了对《规
划》忽视对人性化的城市生活的需
求的批评。芝加哥历史学会（ICHi–
39070_7b）。

共建筑。盖兰往往把芝加哥实际上多变的城市景观替换为了建筑形式统一的一个个街区。

上述批评得到了非常认真的对待，虽然《规划》中的图景似乎只是为了将读者带入一种憧憬，而不是要对当时的芝加哥或可能取代它的蓝图进行精确描绘。规划制定者绝对不是想推倒伯纳姆以及其他重要的芝加哥建筑师的建筑作品，尽管他们应该会乐于见到很多其他建筑消失。《规划》——包括盖兰的图画——更大的目标在于，要帮它的读者做好准备去接受这样一个信念：芝加哥事实上可能被塑造成一个比之前任何人想象的更美丽、更宜人的地方，只要读者能真正理解《规划》提出的图景。

这个图景包含什么？《规划》中的具体建议其实是基于一套核心思想，其基础性假设无疑是最乐观和最大胆的——规划制定者坚信历史特别是城市的可塑性。更具体地说，是他们坚信那些主动担负起使命的精英（比如他们自己）重塑城市空间的能力，坚信精英们能够在那样的空间中开拓人类的未来。在《规划》中，他们使自己呈现出许多世纪之交的改革家的特征：既不是有着自己特殊利益的自私者，也不是闲来无事的空想家，而是"阅历丰富的公正之士"，这样的人无可争辩有能力创造出足以"匹配时代的进步主义精神"的美好事物。他们自信地宣示，《规划》"没有藏着任何个人目的，没有不可告人的企图"，而只有一份"为所有人的城市生活创造最佳条件的决心"。

这种坚定包含着需要说服其他人的一点：一些看起来相互冲突的目标其实是互为支持、互相促进的。《规划》认为，正如巴黎所证明的那样，像芝加哥这样的现代都市可以兼具便利、功能、美观乃至庄严——这个词在书中被多次使用。《规划》坦承，对怀疑主义者来说，规划的各种建议可能显得不切实际，但是《规划》坚信它们是可行的。例如，在规划制定者建议完善铁路客站和货物转运中心的选址、降低水和大气污染的时候，他们宣称，为芝加哥创造秩序和便利并非不可行，甚至也并不昂贵。相反，"杂乱无章、考虑不周的项目"（且不说肮脏的项目），才是真的代价高昂，因为它们会威胁人们的健康，驱走包括劳动者和富人在内的所有人。创造秩序和创造利润是一致而非冲突的。在谈到对城市交通的重新布局，规划制定者说，"系统的完善将使芝加哥的每个生意人都赚到更多的钱"。

《规划》同时用了机械的和有机的比喻来形容它提

倡的更好的芝加哥。一方面，《规划》宣称，要塑造被它称作"为它的全体人民提供尽可能最优的生活条件"的有效工具的城市是可能的。另一方面，它将中心城区称作"芝加哥的心脏"，这是第七章的标题，并且全书也保留了这一词组的大写格式。心脏的隐喻暗示着芝加哥拥有一种生命力，它源于这方水土以及在此生活的人民，并通过它们得以散发。在思考那些界定了芝加哥区域的自然特征时，《规划》暗示，大湖和平原的广阔无垠赋予了当地居民成就伟大的义务。在那些没有这般幸运的地方，"人及其活动常被用作尺度的标准"，但在芝加哥，"城市好像是一片无限的空间，同时又被具有无限扩张潜力的人口所居住"。这种隐喻也表达了《规划》的一个观点，即区域视野至少在两个层面上是至关重要的：一是要理解芝加哥与其外围地区之间的天然联系，二是要记住中心城区和城市其他地区间的联系至关重要。

95

《规划》告诉芝加哥人民，为了应对当前所面临的挑战，他们必须从政治和财政两方面集中对规划方案予以支持。最后一章提醒读者，短短两代人之前，芝加哥只不过是一个村庄。从那时开始，该市填埋了泥泞的

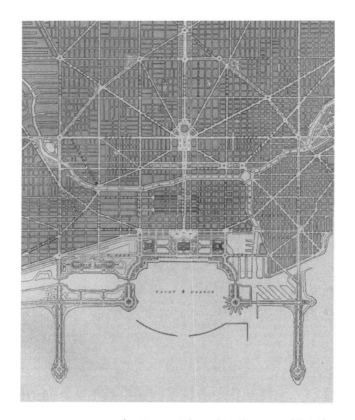

图39 这幅图雅致地展示了《规划》
提议的街道（包括宽阔的对角线道
路、放射状的林荫道和主干道）、铁
路、公园、码头、港口和市政中心的
布置方式，这种方式可以使城市成为
"一个有机整体，其中所有功能彼此
关联，各自成为一个部件"。芝加哥
历史学会（ICHi–39070_6r）。

街道，建立了优美的公园体系，承办了世界博览会，逆转了芝加哥河的流向，所有这些做法，既解决了实际问题，又改善了城市风貌。同样，虽然规划的项目看似可能会让芝加哥的财政紧张，但实际上它们是要激发出城市已有自然和人工特征的经济潜力。此外，这些项目可以在不严重增加城市现有税务负担的情况下实现，因为它们所保障的增长将提高信用、升值资产，并刺激更多财富的生产。

《规划》指出，人们当前急需的，是要让负责任的城市精英领导这场变革的运动。在第六章谈到"大湖和平原决定了芝加哥是一个没有界限的空间"时，《规划》的观点非常接近那个被归于（其实从未被确认）伯纳姆的名言"不做小规划"，它宣称：

> 在过去任何时期，芝加哥都不曾有过足够前瞻的视野。既往之失当成明日之鉴——没有任何理由去担心将被采纳的规划会被证明是过于宏大而综合的，这种顾虑不值得人们为它踌躇哪怕片刻。要知道，即使是今天所能采纳的最宏伟的规划，不出四分之一个世纪，也将被证明是不足和局限的。人类

98

的思维，至少从实际作为来看，还没有能力充分认识像芝加哥这样如此快速增长（如果当前判断正确的话）的城市的需求。因此，任何人都不应在这项最宏伟、最综合的使命面前犹豫，因为在任何具体规划未能完全得到落实之前，更大的构思又将拉开帷幕，更大的需求又将开始孕育。

虽然《芝加哥规划》无比乐观，但仍然有一些文字表达出了对城市发展的担忧和疑虑，特别是如果伯纳姆和商业俱乐部的规划不能赢得支持的话。和整本《规划》一样，这些段落首先针对的是那些有很大利益维系于芝加哥未来的商人们。第二章的结尾提醒读者，古往今来，国内国外的其他城市的经验"让芝加哥认识到：要实现真正伟大和持续繁荣"，依赖于保持城市的便利、健康、美观和秩序。"那些真正具有统辖力的城市，是凭借对人类心灵的高尚情感的吸引力来实现统治的"，《规划》如此宣称。这一断言并不是作为鼓舞人心的话，而是作为芝加哥必须解决的"问题"被提出。

《规划》在数页之后特别批评指出：这种管治的缺乏，虽然可能曾经促进过增长，现在它正让芝加哥窒息。需要纳入管治的，包括"投机的房地产经纪人"和"投机的建造商"，他们目光短浅地通过试图榨干每笔投资的最后一分利润而将低劣的品质带到各处。在"芝加哥的心脏"一章中，《规划》探讨的不仅有拓宽霍尔斯特德街的需要，还有改善霍尔斯特德街与芝加哥街交叉口附近的工厂和住宅卫生的需要，因为困扰那里的包括烟雾，粉尘，污染，以及来自火车、皮革厂、垃圾车和运煤码头的污物。《规划》建议在不卫生区域修建贯通的宽阔干道作为一种改造途径，这也预示了二战后城市更新中那种极为不成功的手段。更有预见性的是，它还建议"严格执行各项卫生制度"，以保证更通风、更敞亮、更清洁的建筑。

99

　　这里，《规划》含蓄地谴责了在它看来的资本主义——一种当然与商业俱乐部是同盟的体制——已经危险地走过了头。《规划》以令人惊奇的直率谈论了城市有必要和权力对投机商和地主施加限制，这不仅体现在它关于滨湖地区"权利属于全体人民"的陈述，还体现在，如因拓宽街道和消除卫生与健康威胁需要，它支持对房地产进行公共征用。"主张社会天生具有保护自身不被肆意践踏的权利，"《规划》论述道，"并不是对私有财产的攻击。"如果一个社会不行使这项权利，规划制定者警告，或许就有必要诉诸某种形式的社会主义。芝加哥不同于伦敦，它还未到城市必须介入以为居住在糟糕环境中的人提供住房的地步。然而如果不及时采取行动，《规划》预言说，"公共正义也将要求采取这样的做法，以帮助那些长期受贫民窟生活侵蚀，以致完全失去了照顾自身的能力的人"。

有时《规划》甚至提出这样一种可能：城市生活在本质上就是伤害所有人的，而并不只是伤害那些无助的贫困者。工薪阶层甚至富人都需要前往公园，因为"人口密度一旦超过某个阈限就会滋生无序、堕落和疾病，进而成为对城市自身利益的最大威胁"。另一方面，"自然风光提供了与城市中的人工环境截然不同的元素"，它是一个避风港，在那里，"身心将得到恢复，我们将重获活力和希望，从而又能在拥挤的街道和无尽蔓延的建筑中背负起生活的重担"。这些观点也许折射出了弗雷德里克·劳·奥姆斯特德对丹尼尔·伯纳姆的影响，并令人回想起伯纳姆的反都市情绪，这种情绪让他决定让自己的孩子们在芝加哥以外的、田园般的埃文斯顿的森林和湖边长大。《规划》评论道："相比常年关在城市的高墙内，保持与自然亲密接触的习惯能够发展出更加健全的思维方法。"

对贫民窟和公园绿地的论述表达了规划制定者的信条，即一个人的周边环境极大地决定了他/她的行为。《规划》一再坚称，糟糕的生活环境损害个体并进而损害整个城市。因此无论富有还是不幸，所有人都应该关注这一问题。《规划》把近西区的贫民窟称作一个"多种族移民的混居区，恶劣的居住环境已经严重威胁到了这个社区的居民的身心健康"。在这样的文字中，既有同情也有警告。有时，和某些改革者一样，《规划》似乎在鼓吹要将贫困的城市儿童从他们肮脏的家庭生活中——言下之意，从他们父母的负面影响下——迁出，安置到可以接受更好的道德和价值观教育的地方，即差不多符合芝加哥中上阶层生活标准的地方。它呼吁建造富有魅力的公共学校建筑和活动场地，这样"校园才能长久成为孩子们的中心，并通过记忆的纽带——那些潜移默化影响孩子一生的校园记忆——永远牵动着每一个孩子"。

这些段落反映了作者这样一个观点：城市规划的众多目标之一是管理城市大众。虽然《芝加哥规划》的核心主题是如何最好地应对世界上最富活力的一座城市的急速发展，但在以下这点上，它又是极其保守的：它希望在现状中和在社会经济的等级体系中（规划制定者处在这个等级体系的顶端），向公众注入一种普遍信仰。如果要说伯纳姆、本内特和商业俱乐部有什么优点的话，那么就是他们的确拥有真诚的公民意识。他们用自己的时间和财富践行着自己的言辞，服务于许多公益和社会服务机构的理事会。无论他们自身存在怎样的不足，他们天性慷慨，对其他一些同样地位的人的自私持批评态度，并且他们意识到，任何规划要想无愧于它的名字都必须满足全体人民的需求。

　　《规划》最富理想主义色彩的地方，是试图定义全体人民如何可能组成真正有凝聚力的城市社区。将贫民窟形容为"多种族移民的混居区"，以及《规划》第一页有关快速增长的混乱因　"缺乏共同传统或习俗的多民族人口的拥入"变得更加复杂的描述，表明商业俱乐部的本土新教徒担忧能否在芝加哥找到共同的价值观基础，特别是要基于他们的标准。他们希望自己的《规划》能够把芝加哥人民联合起来——通过唤起对于一个能为所有有幸居住于此的人提供健康、繁荣和快乐的城市社会的自豪感与忠诚。

由此，毫不奇怪，《规划》把对"芝加哥的心脏"的论述保留到第七章，即描述具体规划建议的最后一章。在这一章里，它提出将国会街建成"芝加哥的'脊梁骨'"，这表达了"为不稳定的芝加哥带来稳定"这一充满希望而又急迫的愿望："如此，也唯有如此，一个有机的整体才可能得以建立，再结合上述各街道的提升，芝加哥的规划才能彰显秩序和内在和谐。"在《规划》的构想中，市政中心之于芝加哥，其作用堪比圣彼得大教堂或斗兽场之于罗马，雅典卫城之于雅典，圣马可广场之于威尼斯。也就是说，它将成为"城市生活最生动的化身"。如果《芝加哥规划》的建议得以实现，它的创制者承诺，"湖滨地区将向那些今天因受交通制约而无法前往的人敞开怀抱，现在每天在拥堵的市中心汇集的庞大人群将能够来去迅速，不受阻碍，城市的文化生活将因格兰特公园聚集的诸多文化设施而勃兴，而在芝加哥如此多样的城市生活的中心，将耸立起市政中心的高大穹顶，它将赋予整座城市以活力与统一"。

　　《芝加哥规划》有集体创作的背景并有着联合署名，这就不免让人好奇：确切来讲，它究竟包含了哪些人的思想和语言？标题页声明，《规划》由建筑师丹尼

图40　费尔南德·简宁娴熟绘制的宏伟市政中心立面图。芝加哥历史学会（ICHI-39070_7p）。

尔·H. 伯纳姆和爱德华·H. 本内特"在商业俱乐部的指导下拟定",由查尔斯·莫尔编辑。这当然是对的,伯
纳姆和本内特确定了《规划》要论述的主题,服务于不同委员会的商业俱乐部成员帮助发展了内容,然后,俱乐部于1908年春根据伯纳姆的推荐聘请莫尔来编辑伯纳姆撰写的草案。但是,这种劳动分工并不能确切说明是谁写了《规划》的哪一部分。

建筑史学者克里斯汀·谢弗对《芝加哥规划》的著作权进行了最仔细的研究,她在为普林斯顿建筑出版社的1993年复制版所写的序言中发表了自己的部分发现。谢弗认为《规划》的最终版本反映了其背后的通力合作,但同时她捍卫传统观点,认为规划毫无疑问有着伯纳姆的"天才"的印迹。这种"天才,"她解释说,"在于他的洞察力和能量,他能够看到城市的各种元素是如何与功能关联的,并一直努力使别人也能看到这
些。"谢弗的观点和查尔斯·莫尔大同小异。在他的伯纳姆传记中,莫尔这样谈到《规划》:"这份根据[伯纳姆]的系统的笔记编辑而成的文本,饱含着他的有力措辞、乐观特质和坚定不移的人生哲学:生命的终极意义是为人类服务,使每位公民生活得更好、更富足。"

虽然做出了热情赞扬，莫尔对伯纳姆的评价可能还是有失公允——他将三百来页的手写草案称为"系统的笔记"。根据谢弗的描述，手稿的前半部分是《规划》最终版本中众多主要元素的基础，而后半部分则被她定性为对于"各种服务的提供"（如市政设施、教育和医院）的更为"技术性"的探讨。

在将手稿同发行版本以及规划过程中形成的许多其他文件比较后，谢弗得出了一些值得注意的结论。伯纳姆的一部分"技术性探讨"以变化了的形式（谢弗称其为"细小的旁白"）出现在《规划》中，一份城际道路委员会1908年的报告是《规划》第三章相关讨论的主要来源，而第七章关于密歇根大道的部分则源于街道和林荫道委员会在《规划》之前出版的一本小册子。其他方面，谢弗还找到证据表明，伯纳姆在撰写草案时整合了本内特提供的素材，莫尔也在他的编辑过程中借鉴了伯纳姆的演讲和阐述。

让谢弗最感兴趣的，是伯纳姆手稿中"被从最终版本彻底删除或删减到已经没有实质意义"的部分。她很有说服力地指出，"它们展现了伯纳姆极为不同的一面，挑战了人们对《规划》的通常理解"，那种理解认为《规划》在社会问题方面保守，并且显然不太关心普通市民的需求。她认为，删除的部分揭示了一个不同的伯纳姆，他远比《规划》所体现出来的要更为相信：城市当局必须在为芝加哥群众提升生活和工作条件方面扮演积极的角色。伯纳姆也谈到了（以《规划》没有采用的方式）政府确保公用事业承担起负责任地服务于大众的义务的重要性。类似地，他敦促政府要督促医院在减少人类病痛方面做得更好，并督促医学研究服务于大众，而不仅是为医学院和它们的员工谋利。

此外，伯纳姆提出，学校选址必须靠近上学的学生，并应以能够想到的最健康、最安全的方式建造，还提出了实现这一目标的细节。在手稿的另一处，他号召为职工的孩子们提供照看中心。他谈到了发展忠诚守纪的公民文化的重要性，但同时伯纳姆也表达了对当权者通过何种手段实现这一点的关注，并以相当现代的语言提出警察应全心全意为大众服务，唯恐他们滥用职权。谢弗声称，伯纳姆有一部分关于"城市需要服务于市民福祉"的论述出现在了《规划》最终版本中，而"如果手稿得以出版，《芝加哥规划》将在城市规划史上占有一个非常不同的地位"。 106

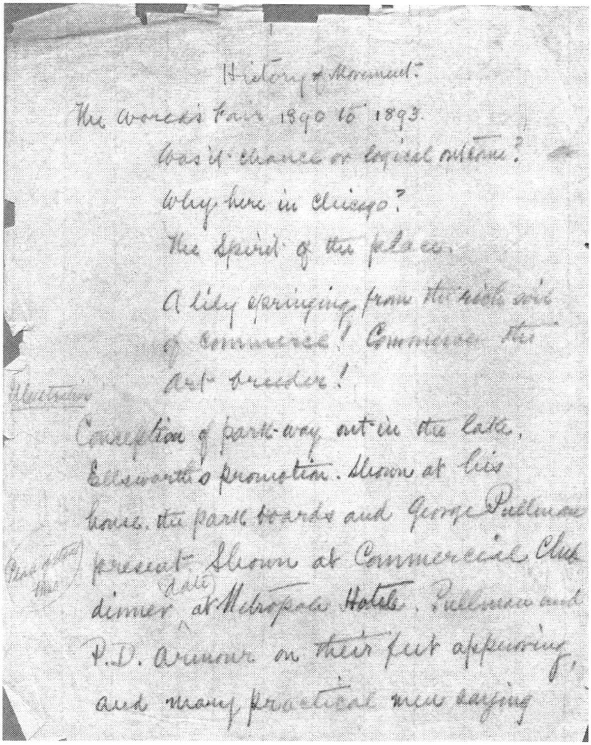
History of Movement.
The World's Fair 1890 to 1893.
Was it chance or logical outcome?
Why here in Chicago?
The Spirit of the place.
A lily springing from the rich soil of commerce! Commerce the Art breeder!
Illustration
Conception of park-way out in the lake, Ellsworth's promotion. Shown at his house. the park boards and George Pullman present. Shown at Commercial Club dinner at Metropole Hotel (date). Pullman and P.D. Armour on their feet approving, and many practical men saying

图41　这页摘自伯纳姆《规划》手稿第一章的亲笔稿件以“运动的历史”为标题，扼要讨论了芝加哥世博会的意义，并形容这次世博会是：“一枝百合从商业的沃土中绽放！”然后它补充道：“商业是艺术之母！”伯纳姆接下来讲述了沿湖滨建设景观道的想法的发展历程，以及当伯纳姆在一次商业俱乐部晚宴上展示这个想法时，电车大亨乔治·普尔曼和肉类加工商P. D. 阿莫尔是如何“起立同意”的。《丹尼尔·伯纳姆文集》，瑞尔森与伯纳姆档案馆，芝加哥艺术博物馆。芝加哥艺术博物馆授权复制。

4.

On - _____ 1906. Mr Charles. D. Norton
then president of the Merchants' Club, and
Mr Frederick. A. Delano, one of its past.
presidents called on me *my offices* in the Railway
Exchange, to ask if I would undertake
for the Club to make a plan for the future development
of Chicago. Believing that good order and
consequent beauty in the streets of a
city have never come about of themselves,
but only as a result of carefully
devised plans worked out before
hand; and seeing clearly that the time
has come to begin this study, I
consented, and undertook the task

图42 在这一页伯纳姆回忆了查尔斯·诺顿和弗雷德里克·迪拉诺如何邀请他创作后来的《芝加哥规划》。"由于相信城市街道的良好秩序和随之而来的美观绝不会从天上掉下来，而必然是事先精心制定的规划的结果，并且也清楚地看到开始这一研究的时机已经到来，所以我同意了"，伯纳姆写道。伯纳姆关于他如何着手《规划》工作的第一人称叙述不是最终版本，但他对"良好秩序"的价值和"为达到它需要精心且坚决的规划"的信念在每一页都有体现。《丹尼尔·伯纳姆文集》，瑞尔森与伯纳姆档案馆，芝加哥艺术博物馆。芝加哥艺术博物馆授权复制。

第六章 阅读《规划》

对档案材料的细观，使我们可以对《规划》从草案报告到发行版本的演变过程有进一步的理解。莫尔在工作之初首先编写了一个纲要，这份纲要在他的工作推进至最终版本的过程中做了相当大的改动。纲要中的第一章并没有包括发行版本中对《规划》如何形成的叙述，纲要还以一个煽情的主题 "塑造城市的灵魂"作为高潮。虽然《规划》谈到城市拥有其他人类特质（包括"精神"），但"灵魂"并非其中之一。更重要的是，莫尔改变了各主题的出现秩序，并删减了关于历史背景的内容。

要了解更准确的编辑细节，对特定章节的比较是很有意思的。这样的比较显示，莫尔是一名积极的编辑者：他重写了伯纳姆的很多文字，却保持原意毫发无损。《规划》第一章和伯纳姆手稿相关段落之间的异同就提供了一个很好的例子。在伯纳姆注明"写给第一章"的那页手稿中，开头的句子一字不变地出现在了《芝加哥规划》的第4页。从这里开始，两个版本就是截然不同的，虽然伯纳姆的一些语句经过很多编辑后出现在了《规划》的其他页中。伯纳姆同样准备了题为"运动的历史"的笔记，以哥伦布世界博览会作为开头，然后解释为何商业俱乐部决定聘请他。类似的叙述出现在《规划》的第6页和第7页，但是有多处差异。

　　与发行版本相比，伯纳姆手稿中的一些措辞更为华丽激扬。关于博览会，伯纳姆写道："一枝百合从商业的沃土中绽放！商业是艺术之母！"他也并不总是羞于承认他自己的努力和成就，就像他写道："伯纳姆是上述所有会议的掌舵人。"莫尔的语言普遍要显得更内敛，他没有给伯纳姆或商业俱乐部的其他任何规划者如此的个人颂扬。我们不太清楚莫尔是独立还是在他人指示下工作，但规划制定者们在出版前是审阅并认可了校样的。

　　伯纳姆显然没有在将手稿交付莫尔后就撒手不管。在一份校样本首页的上方，有一条伯纳姆写给本内特的短信："本内特先生：我希望就此与莫尔先生会谈。DHB。"有人（想必是伯纳姆）建议修改这一章的标题，而此标题在出版之前又得到了进一步修改。在该页右下方有一段莫尔手写给印刷者的说明。这些痕迹都说明，这是一部集众人之力合著的作品。

107

110

第七章

推　广

制作精美、插图丰富的《芝加哥规划》是它自身最好的广告。但即便准备和出版这部规划的工作量已经如此巨大，规划的创造者也绝无意功成于此。他们从来就不认为，在没有相当力度额外推动的情况下，芝加哥人民能够马上理解和认可《规划》的建议，并迅速实施它们。规划者也知道，不论是规划酝酿形成阶段他们与不同团体和个人的会晤，还是最终印制的数量有限的《规划》文本，都只触及城市中很少一批人，虽然他们或许是很有影响力的一批人。甚至在改进芝加哥的任何具体方案还未形成的时候，他们就已开始实施一项营销战略，向政府官员、整个商业界、房地产主、选民等形象阐述规划方案对他们各自意味着什么。《规划》本身具有前瞻性，但从某些角度来说，规划者为赢得支持所运用的宣传技术（特别是在《规划》发行后）甚至更具创新性和现代性。

首先，规划委员会成员们确保了维持核心赞助者（《规划》资金认捐者）的兴趣和支持。《规划》开篇即对他们予以感谢，列出了1909年6月1日前捐资的14家企业、一家律师事务所、两家房地产公司和312位个人（从名字判断其中有308位男性）。尽管自己也在认捐者名单中，但规划主创在规划过程中一直非常重视其他认捐人的

111

意见和建议。此外，他们还确保让商业俱乐部的全体成员充分了解情况。1909年1月25日在国会大酒店举行的一场以《规划》为主题的俱乐部内部会议上，伯纳姆作为主讲人，在当晚使用了精确的比例模型、精心装裱的图画和35幅幻灯片来辅助自己的演讲。

伯纳姆同委员会成员详细讨论过《规划》形成后如何才能唤起公众最积极的响应，只有那样才可能促成行动。会议记录显示，早在第三次会议时，他们就已同意"必须单独准备一笔钱为《芝加哥规划》开展一场教育战役，通过在公立学校授课等方式，向人们展示规划为这座城市提出了哪些建议，以及类似举措已经在其他城市起到了什么效果"。不过考虑最多的问题则是如何应对新闻界。在那个没有收音机和电视机的时代，印刷品是当时公众的主要信息来源，因此与报社编辑和记者保持良好关系特别重要。由于芝加哥有12家相互抢夺新闻、表达不同观点的日报社，所以塑造舆论是一个挑战。

规划者既希望在理应需要保密时不至于被曝光，又希望在需要宣传时得到充足、正面的报道。1907年4月1日的会议通过的议题之一，是应当在4月底就规划进展"向新闻界提供一份谨慎拟就的声明，它不必详细，最重要的是不要亮出全部底牌"。新闻界对报道时机和内容的控制不力惹恼了这些习惯于他人听令于自己的商人。在伯纳姆向商业俱乐部成员讲述《规划》前一周，俱乐部秘书约翰·斯科特写信给《芝加哥论坛报》发行人、俱乐部成员约瑟夫·麦迪尔·麦科米克，要求"不许即时报道25日的内部会议"，并且用"其他成员请求你在这件事上体现修养"这种话向麦科米克施压。

112

麦科米克说，作为俱乐部的一员，他理所应当为会议保密，但试图左右记者和编辑则完全是另一码事。他这样劝告芝加哥规划总委会主席查尔斯·诺顿："现在你明白了吧，你不可能阻止所有报纸，所以你也就不可能阻止任何一家报纸。"依麦科米克的建议，诺顿写了一份并不真实的声明，宣称会议上不会有重要事情发生，并且让各大报社的编辑相互之间达成协议，约定大家都不报道会议，以杜绝相互争抢。为了以防万一，当规划编制人员在1月23日会面为1月25日向俱乐部成员的汇报做最后准备时，他们授权伯纳姆雇请保镖，以确保无人可对展示的图画拍照。

商业俱乐部得到如此多关注以至于有必要采取这些防范措施的事实，体现了新闻界人士心目中俱乐部成员的巨大影响力。与之相应，规划者也觉得媒体声援对他们的工作至关重要。规划委员会的成员不厌其烦地感谢和鼓励媒体的正面报道。比如，1907年春季，他们向《芝加哥每日纪事报》编辑H. W. 赛莫尔发函，表达他们"对您发表在今晨《纪事报》上关于连接南北的林荫道问题的清晰、可读的[也就是持赞同意见的]社论的由衷感谢"。同年晚些时候，总委会财务主管瓦尔特·H. 威尔逊将《芝加哥美国人报》的一篇类似的赞赏性社论拿给诺顿看，催促他写信给《美国人报》编辑安德鲁·劳伦斯。"自从银行家和'相关政府部门'在财经问题认识上［与劳伦斯］达成一致之后，"威尔逊解释说，"我们就一直在通过日常电话和信函称赞他的努力，我想这对他很有益处，使他大大认识到他的报纸在正确的道路上可能取得何种成就。"

113   将密歇根大道改造成连接北南两区的林荫道的提议引发了最大争议。一些地产所有者、商业协会和报社评论对俱乐部的建议报以批评和嘲讽。在规划过程的早期，就连麦科米克的《论坛报》也认为双层林荫大道并非良策，因为它既缺乏美感，又未必实用。看了这篇评论的诺顿写信给街道和林荫道委员会主席克莱德·卡尔，要求他在芝加哥多数报纸对此事采取反对意见之前进行干涉，因为

"反对意见一旦形成便难以消除"。诺顿让卡尔指示爱德华·本内特（伯纳姆当时在欧洲出差）当天上午就为林荫大道绘制"一幅细致而引人入胜的理想方案图"，并约好与12家报社编辑的会面，以便在他们的报纸完全采取反对立场之前向他们证明方案的优点。

这未能阻止一些记者和漫画家将建造高架的密歇根大道的想法嘲讽为"踩高跷的林荫道"。规划者告诉地方改进理事会和其他任何愿意听的人，这种描述实乃歪曲事实。这样的反对也使他们决定马上另出一本关于密歇根大道改造方案的小册子，并聘请《论坛报》记者亨利·巴雷特·张伯伦（Henry Barret Chamberlain，在某些地方，他的姓被拼成了Chamberlin）担任公关。此外，有人（可能是伯纳姆或本内特）起草了一份关于连接南北的林荫大道的正式声明提醒芝加哥人，规划者在提出现方案之前，已经考虑了密歇根大道改造的所有其他可能方案。声明解释，为了做好多方案比较，规划人员制作了所有方案的比例模型。这份声明邀请公众观看这些模型，自己来判断什么是最佳方案。他们声称，"试图对芝加哥市政府和市民发号施令"不是规划者的目的。

商业俱乐部颇为用心地挑选了1909年7月4日作为《芝

图43　1914年11月《西北区每月公告》题为"大棒和挥舞它的手"的封面漫画将最支持林荫道和大桥方案的人描画成目空一切、财大气粗、两眼放光、想通过在市中心和北区之间开通大桥来偷走更多商机的"斯塔特街利益集团"。他们挥舞的大棒是日报的编辑政策。画面右边建筑上飘扬的旗帜上写着"M. F. & Co."，暗指马歇尔·菲尔德的斯塔特街百货商店是主谋。《公告》由西北区商业协会出版。《爱德华·H. 本内特文集》，瑞尔森与伯纳姆档案馆，芝加哥艺术博物馆。芝加哥艺术博物馆授权复制。

加哥规划》发行的日子，并把它当作一件大事筹划。由约翰·斯科特担任主席的特别出版委员会，与张伯伦和总委会副主席查尔斯·H. 瓦克见了面，讨论了要采取的策略。此时诺顿已离开芝加哥去华盛顿担任财政部部长助理，因此瓦克可以全权负责。瓦克和斯科特同各大报社（包括外语报社）的主编会谈，得到了经他们签名的协议，约定在7月3日周六的晚报和7月4日的早报上刊登关于《芝加哥规划》的报道。有三家报纸（《检查者报》、《芝加哥论坛报》和《信使报》）出版了关于规划的带插图特别增刊，规划人员将这些增刊寄给出版委员会报告所称的"仔细挑选的1 000位芝加哥市和附近居民，希望激发他们的兴趣"。

<aside>114</aside>

早在5月份，伯纳姆已同商业俱乐部成员、芝加哥艺术博物馆馆长查尔斯·L. 哈钦森做出安排，将在博物馆的美术馆一楼东北厅展出盖兰和简宁的绘图。伯纳姆和本内特监督了各个细节，从特殊灯光效果到花瓶等物品的摆放。出版委员会希望确保商业界最先看到这场展览，向芝加哥商业协会的成员发放了3 000张免费门票，邀请他们参加7月5日到8日间的非公开观展。出版委员会还向其他一些俱乐部和协会发放了近万张门票。在艺术博物馆的展

出结束后，这些图画又被送到美国和欧洲其他城市巡回展览，包括费城、波士顿、伦敦和杜塞尔多夫。后来，当举办该展览的请求越来越多以至于超出了总委会能力范围的时候，委员会承诺提供成套的幻灯片。

出版委员会让张伯伦主管《芝加哥规划》的分发。他首先将它免费送给商业俱乐部成员和规划认捐者，然后另发了四百多本给市议员，以及其他市县的官员、公园委员会成员、伊利诺伊州议会的芝加哥议员、州政府其他官员、国会议员、地方法官和联邦法官、卫生区管委会、芝加哥的各家图书馆及俱乐部、多家杂志社及报社，还有塔夫脱总统及其内阁。剩余的显然是以每本25美元的价格出售了。这个价格其实超出大部分芝加哥人的购买能力。商业俱乐部将正式的第一本《规划》——皮质封面，内页饰以大理石花纹，由手工装订——赠予丹尼尔·伯纳姆。

规划者理解，要想实施《规划》，就必须得到芝加哥人的支持，以让他们在公民投票中同意发行债券为重大城市改造工程筹集资金。出于对当选官员带头向公众推广《规划》的不信任，商业俱乐部积极转向三条相关的"前线"：一是争取市政府正式批准将《芝加哥规划》作为官方规划；二是寻求建立一个积极致力于推动政治领袖实

116

施规划的组织；三是从总体上说服社会认可《规划》的价值。为实现这些目标所做的努力是大型公共关系史上的一次先驱行动。

当时芝加哥的掌权者瓦尔特·威尔逊迈出了正式接受《规划》的第一步。7月4日，威尔逊代表巴斯市长发表声明，称赞《芝加哥规划》的提议符合芝加哥的商业特点和"'实干'精神"。两天后，巴斯亲自热烈表彰了商业俱乐部，并正式同意了《规划》。规划者如愿看到，市政府授权巴斯任命一个由选举出的官员和市民组成的委员会，研究规划中的提议及其实施方案。11月1日，经巴斯提名、市议会批准，328人的芝加哥规划委员会成立，查尔斯·瓦克担任主席。11月4日，委员会在市议会会议室举行了第一次会议（半数成员缺席）。瓦克做的第一件事就是任命26名成员组成执委会，以"对规划采取积极行动"。大部分参与制定规划的商业俱乐部成员都加入了规划委员会，其中有几位还是执委会成员。

1910年1月8日星期六晚上，商业俱乐部在国会大酒店设宴款待了芝加哥规划委员会。俱乐部主席西奥多·罗宾逊主持了宴会，从华盛顿返回的查尔斯·诺顿发表了关于"城市规划的广泛意义"的演讲。在演讲中，诺顿对 117

图44 查尔斯·H. 瓦克，1909至
1926年任芝加哥规划委员会主席。西
北大学图书馆。

《规划》的雄心壮志直言不讳。他解释说，人们应当认识到，真正的问题不在于它是否过大，而在于是否足够大。"当认识到这一点时，"他接着说，"我们就会发现伯纳姆的远见和天赋是多么伟大。"瓦克在当晚的发言中回顾了《规划》的历史，称它为"在城市规划方面出版过的最好的书"。他向参会的富人们保证，实施《规划》将带来的与日俱增的繁荣，比投资住房或公共服务更能使穷人受益。身为市议会财政委员会主席、倡导提高地方政府工作效率的伯纳德·W. 斯诺议员在讲话中赞同了瓦克的观点，他认为，虽然《芝加哥规划》的实施将耗资数百万，但这笔投资相当值得。不过斯诺指出，《规划》还只是"一份考虑周全的建议"，甚至还有可修改的余地。更重要的是要将之付诸实践，否则《规划》"将被遗忘，并长眠于覆满尘埃的岁月的坟墓中"。

斯诺的话表明真正的推广努力才刚刚开始。瓦克明白这一点，他对商业俱乐部和芝加哥规划委员会极力敦促，以保证规划建议变成现实。在4月的俱乐部年度宴会上，他宣布俱乐部已经筹集了2万美元，用于以演讲、广泛发放各种规划宣传手册等方式教育公众。两周后，芝加哥规划委员会决定用这笔钱组织一次"覆盖全城"的宣传活动，在教堂、学校、剧院、会堂、私人住宅等任何能聚集听众的地方用多种语言放映幻灯片并进行演讲。正如《芝加哥论坛报》所写，委员会的目标是"唤起大众对委员会将芝加哥变成'世上最美的城市'所做的努力的兴趣，用合作的精神发动每位成年男女和儿童"。很快，这份报纸为瓦克开辟专栏来直接论述《规划》的价值。

不过，瓦克最重要的举措是聘请了瓦尔特·L. 穆迪领导宣传活动。穆迪简直像是辛克莱尔·刘易斯小说中的主角。身为芝加哥商业协会总经理的他在芝加哥商业界赫赫有名，同时也是《卖东西的人》一书的作者。该书先于《规划》一年出版，是一本销售指南，以他作为"商业大使"（他以这个词指代推销员，认为推销员不仅是雇主而且是全体公众的忠实仆人）二十年的经验为基础。1910年年中穆迪开始为芝加哥规划委员会工作时三十五岁左右，1911年升任委员会主管。八年后，他在另一本名叫《我们的城市怎么样？》的书中记叙了"推销"《芝加哥规划》的任务。这本430页的书部分是个人回忆录，部分是城市规划史，不过主要是一部公共关系教学手册。

穆迪在《我们的城市怎么样？》的开头坦承自己既119 非建筑师也非工程师，他的职业是对城市规划的"科学推

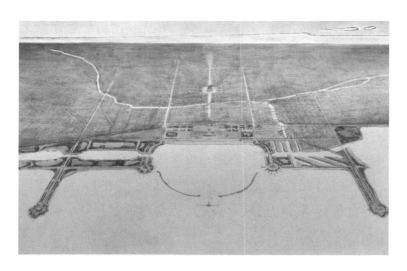

图45　如同规划本身，幻灯片（比如这一幅，基于盖兰的插图制作）也力求用美妙壮观的景象为规划的实施争取支持。《历史建筑与景观图集》，瑞尔森与伯纳姆档案馆，芝加哥艺术博物馆。芝加哥艺术博物馆授权复制。

广"，他称之为"从所有实际本质来看……是一种推广工作——推销术"。城市规划归根到底需要什么？"钱！"穆迪用小型大写字体强调地解释道，然后接着又说，"没有钱不可能有任何实际结果。"城市用这项投资换来什么？四个词："文明"、"便利"、"健康"、"美观"。在穆迪看来，美国城市规划最大的障碍并非层出不穷的反对意见，而是低水平的推销。成功的关键是使普通市民对存在的问题认真起来，然后"趁他被规划说服时激励他采取行动"。穆迪相信当选官员缺乏完成此任务所需的足够的专注力，因此像芝加哥规划委员会这样一个组织就非常必要。虽然穆迪对伯纳姆和瓦克的推广工作表示敬意，但他比他们更明白，芝加哥与拿破仑三世治下的巴黎不同，在这个多元化的城市民主社会里，没有哪个规划能仅仅依靠法令或商业俱乐部的意志就能得到实施。《芝加哥规划》需要由像他这样的人（他描述道，这些人推销的不仅是"文明"，也是"和谐"）推销给整个芝加哥。

在穆迪的指挥下，委员会开始了一场多维度的推广战役。穆迪、瓦克和委员会工作人员尤金·泰勒实际上组成了三人演讲办公室。穆迪受雇的七年间，他们不知疲倦地工作，据穆迪计算，他们向超过15万的听众做了五百来场演讲。他们用传单将演讲广而告之，对标准演讲辞字斟句酌，从几千张幻灯片中选出近两百张反复使用。

与此同时，穆迪还通过一些出版物传播规划的信念，其中有两本书最重要。《芝加哥的最大事件：一部官方规划》出版于1911年5月，这本93页的小册子是《芝加哥规划》的一个低成本精炼版，穆迪在其中巧妙地从普通市民（他称他们为"伟大的芝加哥公司的所有者"）而非规划者及其富有同事的视角介绍规划，逐步引导他们理解为何《芝加哥规划》对他们的利益至关重要。他把《芝加哥的最大事件》免费发给有房产的人和每月房租超过25美元的人，穆迪认为，在即将到来的关于债券的公投中，他们的支持最为重要。 122

穆迪还准备了其他小册子，包括标题极具诱惑力的《芝加哥可空手套得5 000万美元！》（1916），该书声称，标题中的数字是一旦城市允许填湖就可收取的费用以及填湖产生土地的现金价值的总和。不过在理念和效果两方面，他最令人印象深刻的出版物要数《瓦克芝加哥规划手册》，该书数个版本中的第一版出版于1911年。与《芝加哥的最大事件》类似，《瓦克手册》也是《芝加哥规划》的低成本精炼版，不过它比《芝加哥的最大事 123

Chicago's rapid growth has been one cause of street congestion.

(Chicago Plan Commission)

图46　为了使芝加哥人认识到城市再造的重要性，芝加哥规划委员会指出了一些现有问题。这幅幻灯片是一张展现市中心交通的上色照片，幻灯片的标题将这种情形归因于突然（且无计划）的扩张。"芝加哥的快速增长是街道拥挤的一个原因"。A. G. 麦克格雷格拍摄，芝加哥艺术博物馆。芝加哥艺术博物馆授权复制。

件》更有实质内容。第一版包括一个非常自满地赞扬规划创作人员的章节。穆迪通过谈判，将《瓦克手册》加入到公立学校八年级公民教育课程中。用于学校的版本删掉了表彰规划者的部分，但在每章后面加上了一系列学习问题（这些问题在后来重印时被简化），并附带教师手册。毫无疑问，学校对《瓦克手册》的采用，与弗兰克·本内特身兼芝加哥规划委员会和教育理事会两个机构副主管的事实密切相关。到1920年，《瓦克手册》大约出版发行了7万份。

使《瓦克手册》成为必修课本体现了穆迪的一个信念："美国城市的一切大问题，最终都要通过教育我们的孩子树立作为城市未来主人和政府命运主宰者的责任感来解决。"穆迪解释说，规划师们选择八年级，是因为这个年龄的学生已经足够成熟，能理解这些问题，同时又足够年轻，仍然有可塑性。此外，芝加哥许多年轻人是在这个年纪终止学业，所以这是吸引大批忠实听众的最后机会。穆迪希望——显然也有所成功——熟悉了《规划》的学生能反过来教育他们的父母。他诚挚邀请教师和学校管理者参加了一场宴会，以听取他们关于《瓦克手册》的改进意见。

穆迪还采用了当时最新的媒体手段。在他的监督下，芝加哥规划委员会制作了一部有两盘胶卷长度的名为《一座城市的故事》的宣传片，在全城六十多家剧院播出。用穆迪的话说，首映式"座无虚席"，观众"和大戏上演时一样爆满"。不过穆迪最关注的还是印刷媒体。各家杂志发表了数十篇关于《规划》和芝加哥规划委员会的文章，几乎全是正面的报道。一些文章是由芝加哥规划委员会和商业俱乐部的成员所写，其中包括查尔斯·哈钦森、查尔斯·道斯和约翰·谢德。哈佛大学前任校长查尔斯·W. 艾略特曾委任伯纳姆加入一个旨在游说学校制定校园规划的委员会，他在《世纪》杂志上评论道："在此我们看到，行动体现出的民主集体主义正在弥补由过分膨胀的民主个人主义造成的伤害。"

尽管瓦克和穆迪尽了最大努力，但他们并不能保证所有的回应都是积极的。远在穆迪受雇前，很多人（包括一些富有的芝加哥人）就对《规划》提出了一条最具持续性的批评：《规划》充斥着环境决定论的偏见，对劳动人民的住房或日常生活关注偏少。城市俱乐部的乔治·E. 胡克则于规划出版后不久在《调查》上批评规划不仅没有探讨住房问题，而且也没有有效处理市中心的交通问题。另一

125

图47　在1919年的一次集会中，威廉·威尔的芝加哥乐队在阿德勒和沙利文设计的盖里克剧院前围成一圈，剧院前卡车上的大幅招牌上写着演讲人是芝加哥规划委员会主席查尔斯·瓦克和威廉·海尔·汤普森市长。这块招牌迎合了芝加哥人的自豪感（"现在是你推动芝加哥进步的机会"）和荣耀感（"前进还是退步，你选择哪一个"）。1919年选民通过了总额3 000万美元的债券发行。这些资金将被用于保护森林和改造阿什兰大道、密歇根大道、西大道、奥登大道、罗比街（现为戴门大道）、第十二街（现为罗斯福路）和南水街（现为瓦克快速路）。考夫曼和法布里公司，芝加哥历史学会（ICHi-37340）。

图48 芝加哥为自己制定的规划吸引了广泛关注，通过学校教育推广规划的方法也引起了同样的关注。《芝加哥儿童学习大城市改善规划》，选自《布鲁克林每日鹰报》，1912年11月17日。《历史建筑与景观图集》，瑞尔森与伯纳姆档案馆，芝加哥艺术博物馆。芝加哥艺术博物馆授权复制。

些批评者的言语更加尖锐。芝加哥劳工联盟主席约翰·菲茨帕特里克谢绝了巴斯市长向他发出的参加芝加哥规划委员会的邀请。他指责委员会的主要目的是帮助工商业利益者，而这些人是有罪的，因为他们驱使工人"长时间劳作，工钱却不足以糊口"。菲茨帕特里克还说："我了解芝加哥工人的悲惨状况。因此，谈论为工商业的发展而美化城市，同时却忽视那些成年男女和儿童的绝望呼喊——他们唯一的过错就是必须做苦力求生存，这种做法不禁让人犹豫，并且让人想问问我们究竟是在基督之前的时代还是基督教已然盛行的20世纪。"

对《规划》最详细的攻击之一来自芝加哥期刊《大众》登载的一组系列文章，该刊自称"基本民主的国家期刊"、"对形成中的历史的每周叙述"。基于长期对被视为具有公共精神的商人的动机的怀疑态度，《大众》在第一篇文章中写道："芝加哥的劳苦大众……对于商业俱乐部或它的建议来说几乎没有用处。"不过《大众》说，它仍会以开放的心态评价《芝加哥规划》。尽管如此，在关于这个问题的下一篇文章中，杂志指责规划者并非不为私利、慷慨奉献，因为他们将从他们提出的改变中获利，而芝加哥的市民将为此买单。《大众》认为，《规划》实际上并不关心那些处于特权阶层以下的大部分人民的问题。在1913年3月7日刊中，该刊赞同乔治·胡克把芝加哥规划委员会形容成一群夸夸其谈的家伙而并非专家的看法，认为他们急于让约翰·科夫林和麦克·肯纳这样的腐败议员在重要的政策委员会中占据一席之地。它声称，芝加哥需要且理应拥有真正的专家做规划。简单说就是，商业俱乐部的成员不够资格。《大众》宣称："或许世界上再没有哪个大城市像芝加哥这样深受伪装成公共福祉的极端自私利益团体的侵害。"

尽管出现了这些批评，但《芝加哥规划》早期得到的评价多数还是赞扬之声，这让丹尼尔·伯纳姆非常高兴。虽然他自己也继续在为推动《规划》的实施而演讲、作文，但伯纳姆满怀信任地将推广的重担托付给了瓦克、穆迪以及商业俱乐部和芝加哥规划委员会的成员。他为重塑芝加哥投入的时间和精力已经超出任何人所能提出的合理要求，他还要监管他那家业务繁忙的建筑事务所，到欧洲进行他所喜爱的度假，并接受其他职位的工作。塔夫脱总统早先还委任了伯纳姆为新组建的美国艺术委员会首任主席，这个组织的工作包括对在国家广场西侧建造林肯纪念堂的提案给出建议，伯纳姆在十年前参加了这座建筑的重新设计。

　　《芝加哥规划》出版时，伯纳姆那已然不稳定的健康状况和曾经充沛的精力都正处于衰退之中。1912年6月1日，丹尼尔·赫德森·伯纳姆在德国海德堡去世。消息传到芝加哥时，正好遇到芝加哥交响管弦乐团要在北岸音乐节（现为拉维尼亚音乐节）上表演。由于伯纳姆生前同时兼任管弦乐团和音乐节理事会成员，所以作为告别致意，管弦乐团在预定曲目之外加演了一首瓦格纳歌剧《众神的黄昏》中的葬礼进行曲。伯纳姆遗体火化后，骨灰被安葬在格雷斯兰陵园。十六年前，他以填充格兰特公园和杰克逊公园之间的湖岸线、建造新的湖滨休闲区的提议开始了对芝加哥的规划；在他去世后，这场成功的运动又立刻将这片宽广的人造湖滨区命名为伯纳姆公园。

128

129

图49 伯纳姆夫妇位于格雷斯兰陵园的坟墓。如墓碑所示，玛格丽特·谢尔曼·伯纳姆在她的丈夫去世后继续生活了三十多年。斯蒂芬妮·福斯特，西北大学学术技术系。

第八章

实　施

试图判断芝加哥在多大程度上实施了《芝加哥规划》是一项复杂的任务。《规划》包含一些在商人俱乐部雇佣伯纳姆之前就以种种形式被提出的建议，这些建议无论是否得以实施，都不能仅仅被归为《规划》的成果。这些建议包括：密歇根大道的"林荫道化"、通过填湖在湖边创造更多公园用地，以及将格兰特公园改造为规整而非"自然"的风格。在另一些情况下，《规划》提出的想法在实现过程中经过了大幅改动。比如，瓦克快速路的设计并没有达到伯纳姆的审美标准——他满怀信心要使芝加哥河媲美塞纳河，让整座城市堪比巴黎。

　　也有一些人认为，《规划》没有使芝加哥建成环境发生多少实际改观。他们声称不论《规划》出版与否，城市都会实施它提出的一些建议，如拓宽多条道路、建设联合车站、建立森林保护区等。还可以加上一条：由于芝加哥拒绝实施（或至少没能实施）的《规划》建议一点不比它所采纳的少（最显著的是位于国会街和霍尔斯特德街交叉口的地标性市政中心），因此就更难说清《规划》的确切影响。依此逻辑推论，《芝加哥规划》的名声可能就首先不是因为"它得到了非常直接而充分的实施"这一事实，而更多要归功于伯纳姆和商业俱乐部的崇高地位、《规

130

划》行文风格的雄辩有力、盖兰和简宁图画的华美壮丽以及瓦克和穆迪付出的努力。

这种观点，和断言"《规划》背后的思考都是原创"或"《规划》以一己之力确定了20世纪芝加哥的改造议程"一样，都把问题看得过于简单。逐行浏览《规划》的各个章节，看某个想法从何而来以及它导致或未导致何种结果，是一项充满吸引力而又有挑战性的练习，它能够反映芝加哥是如何以及为何循着某些方式而非其他方式发展。但是更有价值的，可能是更宏观地来审视《规划》的原创性和影响。尽管并非总能确定伯纳姆和与他共事的规划师是否是某个提议的提出者，或者他们对实际的改变贡献了多少，但我们至少可以有把握设想，他们对任何建议的支持都得到了认真对待。尽管在过去一个世纪里，芝加哥只是部分地遵循了这些建议，并且常常还是以更改过的形式，但是思考城市在多大程度上融入了《规划》的精神（如果不是实现规划的每一个细节的话）不仅有趣而且有益。

《芝加哥规划》的实施离不开为推广它所做的持续努力。在担任芝加哥规划委员会常务主管的九年里，瓦尔特·穆迪抓住每一个能够找到或以其才智能够创造的机会向城里几乎每个成年男女和孩子宣扬规划的理念和具体内容。

当第一次世界大战扰乱芝加哥的经济时，穆迪发行了一本小册子，宣称人们的首要任务是为退伍军人提供就业岗位，而《规划》为此提供了一条光明之路："最好的机会在于大力改善芝加哥的公共设施。"穆迪甚至将《规划》的实施升华为一种神圣的召唤。1919年1月19日星期日那天，芝加哥有80所教堂参加了被称作"尼希米日礼"（Nehemiah Day services）的宗教仪式，这些教区的牧师同意将《旧约》先知尼希米的话"我们，做他仆人的，要起来建造"作为他们布道的基础，并在布道中倡导《芝加哥规划》的实施。

穆迪于1920年四十六岁时去世。他在芝加哥规划委员会的助理尤金·泰勒接替他担任了二十二年的常务主管。委员会继续出版带有醒目标题的小册子，比如1921年的《向商人呼吁》，它主张降低本地失业率的最好方法是开展《规划》提议的那种建设工程。这个建议在1930年代大萧条时期被联邦政府采纳。1924年委员会出版了《向有公共精神的芝加哥市民求救》，委员会主席查尔斯·瓦克在一次讲话中称这本书是要"告诫市民在支持《芝加哥规划》时不要犹豫"。瓦克说芝加哥人"必须推动《规划》中的工程快速完工"。他还请求州立法机关增强城市为这类工程借款的能力。瓦克的这番话是在1926年的离任告别演讲中说的，当时他已出色地担任了十七年的委员会主席。马歇尔·菲尔德百货公司总经理詹姆斯·辛普森在他之后的九年里继续担任这个职务。

随着时间的推移，规划委员会的目标、人员组成和地位发生了相当大的改变。随着穆迪的去世和首批委员最初的热情不可避免的衰减，委员会的活动有所减少，瓦克手册也淡出了学校。一些曾经专注投身于实施《规划》的人现在转而关注其他事务——尽管与之相关。这些事务中最重要的一项是芝加哥最早的区划法规。时为芝加哥规划委员会顾问建筑师的爱德华·本内特参与起草了1923年的区划法令，查尔斯·瓦克和尤金·泰勒都供职于新成立的区划委员会，该委员会处理了一些之前摆在芝加哥规划委员会议程上的问题。到1930年代，委员会成员的数量减少，新人们与原成员相比有着不同的关注重点。1939年，规划委员会违背瓦尔特·穆迪曾经的建议，成为城市政府的一部分，而不再是政府之外的半公共性宣传组织。它的规模缩减到了12人，并且没有多少实权。

"芝加哥规划委员会"的名字一直沿用至今，其间该组织经历了数次行政重组，包括1957年芝加哥城市规划局的成立（该局后来也几经变更）。今天，芝加哥规划委员会是芝加哥市规划与发展局的一部分，由19人组成，包括市议员、其他政府官员和由市长委任的市民，而市长本人也是成员之一。它的主要职责是同意或否决公共组织或机构获得、放弃或改变城市房地产的动议，以及评估特定土地利用方案，包括那些与湖滨保护有关的方案，但是对于自己的决定没有强制执行的法定权力。

从很多方面来看，按最初设计运行的芝加哥规划委员会在头三十年里是一个巨大的成功。穆迪、泰勒、瓦克和辛普森同1909年至1931年的历任市长都建立了工作关系，从弗雷德·巴斯开始，包括小卡特·哈里森、威廉·海尔·汤普森、威廉·戴弗，然后又是汤普森。他们还成功说服选民为委员会支持的行动提供资金。1912年至1931年间，芝加哥人通过了86次与《规划》相关、涵盖17项不同工程的债券发行，总计价值2.34亿美元。到这段时期快结束时，选民才开始否决债券发行。这是由汤普森的执政丑闻引起的，此人一度险些入狱，但还是在1927年选举中击败了诚实贤能的戴弗。

第一次债券发行，也是《规划》支持的许多街道拓宽工程中的第一项，涉及第十二街（罗斯福路）的重建。这项改造的历史反映出重建芝加哥的所有努力所面临的复杂性。1910年1月19日，芝加哥规划委员会建议按《规划》的提议改造第十二街。1911年4月5日，市议会以46票赞成、10票反对通过法令，同意将第十二街在密歇根大道和运河街之间的路段从60英尺拓宽到118英尺，以及将运河街和阿什兰大道之间的路段从60英尺拓宽到108英尺，并跨越芝加哥河南支流新建一座桥连接这两段道路。哈里森市长领导的政府评估了工程所在地的房地产价值（在评估的数千个地块中最终征收了302个并补偿了所有者），决定了哪些地产要进行特殊评估，得到了12家用地受到影响的铁路公司的许可，并取得了卫生区的合作。（其他涉及港口和湖岸的改造不同于第十二街工程，它们需要美国陆军部即当时的国防部的允许。）

选民于1912年通过了第十二街工程两次债券发行中的第一次，但由于要办理征用补偿方面的法律手续，发行直到四年后才得以启动。1917年12月20日，城市召集约十万人举行市民庆典以纪念工程部分完工。县法官托马斯·F. 斯卡利站在第十二街和霍尔斯特德街交叉口的演讲台上，以典型的芝加哥式"谦逊"口吻对众人说："今晚我们齐聚于此，向本城乃至世上任何城市有史以来最伟大的公共改造工程致敬。"到了第一次世界大战期间，在获取民用钢铁方面持续存在的法律障碍和其他困难延缓了大桥建设。此外，人们在1919年还不得不再次进行关于债券的公投。1927年，规划委员会自豪地宣布，除大桥以外，整个工程基本完成。而大桥将要等到委员会提议的另一项工程——芝加哥河裁弯取直——完成时才最后竣工。

另两项主要道路工程与密歇根大道和瓦克快速路有关。对它们的改造遵循了与第十二街的拓宽相似的一系列步骤。正如人们可能预料到的那样，委员会的密歇根大道方案由于当地房地产主的强烈反对（反对方雇佣了两百多位律师）和战时物资短缺有所推延。虽然实际建成的密歇根大道与盖兰的效果图并不完全一致，但芝加哥的确遵从了《芝加哥规划》将这条路改造成宽得多的双层林荫道并经双层大桥跨河的建议。

拓宽工程要求城市购买大桥南面的密歇根大道东侧和大桥北面的派恩街西侧（该街很快将被更名为密歇根大道，因为大桥的贯通将形成一整条连续林荫道）总计51处物业。大桥于1920年5月14日开通，同样伴随着盛大的庆典。箭牌大厦（1921）和《论坛报》塔楼（1925）很快落户原先的派恩街南端，该片区逐渐以"华丽一英里区"的名字广为人知。芝加哥规划委员会自豪地宣称，到1925

134

图50　瓦尔特·穆迪的《城市介绍》
（1919年）一书中密歇根大道跨兰道
夫街路段拓宽之前的影像，林荫大道
陡然大幅度变窄的程度清晰可辨。该
部分的拓宽始于1918年4月13日，当
时威廉·海尔·汤普森市长带领着施
工队。西北大学图书馆。

年，新大桥承载的交通量已经是原来的拉什街大桥（已拆除）的承载量的七倍以上，投入于密歇根大道的1 600万美元已经通过地产增值换来了六倍的回馈。

委员会1917年建议城市把芝加哥河主河道以南拥挤的市场南路批发区改造成双层公共通道。这与《规划》引导商业交通绕卢普区而行、提高河岸吸引力的目标相符。接下来的工程是一项宏大的市政工程壮举。它于1924年开工，每次在一个区段施工，工人昼夜不停地赶工，在创纪录的短时间内开挖到岩床以下118英尺的地方，然后将几千立方码的结构混凝土倾入其中。1926年10月20日，戴弗市长主持了新路的开通仪式。戴弗1923年一上任就任命商业俱乐部成员、《规划》倡导者小A. A. 斯普拉格为公共工程长官。新通道以查尔斯·瓦克命名，但他本人因病重无法参加开通仪式。

在其他由《规划》提出或受其启发的道路工程中，奥格登大道从兰道夫街向东北延长至克拉克街（后来除单独的一部分外，缩短为到芝加哥大道以北终止）的工程，是《规划》提议建设的几条重要对角线道路中唯一建成的。许多其他已有道路得到了拓宽，包括26英里的西大道和20英里的阿什兰大道。谢里登路也同样得到拓宽以容纳新增

图51　这张炫目的照片可能摄于1925年，拍摄地点似乎是《论坛报》塔楼（1925）。伦敦保障与事故大厦（1923，现位于北密歇根大道360号）和箭牌大厦（1921）及其副楼（1924）已经建成，1926年开通的瓦克快速路正在建设中，格兰特公园大部分还未建成，伊利诺伊中央铁路设施占据了河流以南、拓宽的密歇根大道东侧建筑以东的区域。考夫曼与法布里，芝加哥历史学会（ICHi-38229）。

图52 虽然这张从《论坛报》塔楼某
较高楼层拍的照片摄于1935年,但景
象和今天大同小异。弗雷德·科斯,
芝加哥历史学会(ICHi-22457)。

的交通量，不过它没有成为规划者所要求的通往密尔沃基的公路。像《规划》建议的那样，不同远近的主要绕城道路得到了改造，1923年还成立了旨在管理区域内公路的芝加哥区域规划协会。正如市政中心从未得以兴建一样，国会街也没能变成伯纳姆和同事热切渴望的东西向主轴线"芝加哥之轴"。

芝加哥河南支流的裁弯取直是另一项惊人的工程。南支流总是从主河道沿着大致正南的方向流过几个街区，但是到1920年代末向东有些许偏移，并在凡布伦街附近截断富兰克林街。从波尔克街开始，它向东的偏移更加明显，偏移了三个街区。流经第十五街时，它离克拉克街西侧仅有150英尺。因此，它阻挡了富兰克林街、威尔斯街、谢尔曼街和拉萨尔街的南延。而以南支流、波尔克街、斯塔特街和第十六街为边界的区域内几乎遍布铁轨，这使情况变得更加复杂。

铁路公司要求建设能服务多条客运线的新联合车站（《芝加哥规划》也提出了这一建议），芝加哥规划委员会随即帮助它劝说市议会在允许建设车站的法令中加入对南支流进行裁弯取直的条款，以及其他一些《规划》中的道路改造和桥梁建设提议。在经历更多谈判、由新成立的

图53　市政中心从未兴建，原本计划的建设位置却变成了世界最繁忙的公路交叉口之一——环形互通立交，上图是摄于1973年的照片。肯尼迪高速公路从交叉口向北延伸，位于照片上方；瑞恩高速公路向南，艾森豪威尔高速公路向西，国会景观路从环路交叉向东通往卢普区以南的市中心。曾因靠近环路大交叉口而被称为环路校区的伊利诺伊大学芝加哥分校位于照片左下角。霍尔斯特德街在交叉口西侧向南北两端延伸。芝加哥历史学会（ICHi-37483）。

图54 这张照片摄于1929年，即河流裁弯取直工程完工前一年。照片是从南面朝向市中心拍摄的，河流的原有航道和新航道都可以看到。这张照片也明显反映出该片区很多土地被用于建造铁轨和场站。芝加哥航空调查公司，芝加哥历史学会（ICHi–05776）。

第八章 实施

芝加哥铁路站场委员会的研究和城市更改河道所必须的铁路物业转让协议之后，市议会于1926年7月8日通过法令，对波尔克街和第十八街之间的河道进行裁弯取直。1927年4月5日，选民通过了相关债券的发行。到1930年，芝加哥完成了这项工程。不过克拉克街以西、芝加哥河以东的南北向道路并未大幅南延。

在该市对《规划》中的具体铁路建设方案的实施中，最接近的可能是对随意铺就的铁路的重组和联合车站的建造（1925）。芝加哥规划委员会希望将车站建在罗斯福路和运河街交汇处，以缓解市中心的交通拥堵，但最终车站建在了杰克逊街和运河街交叉口。规划者希望通过合并来停用的市中心老车站继续使用了几十年。委员会未能说服铁路公司支持《规划》提出的在第十二街南侧建设大型车站的方案。宾夕法尼亚铁路公司确实同意了不在霍尔斯特德街和国会街交叉口市政中心方案所在地新建货运场站，但建在西波尔克街323号的场站并未能如委员会所愿使市中心更为开敞。随着20世纪的演进，市中心铁路拥挤的现象逐渐消失，这主要是因为以火车为工具的长距离出行和货运的减少。芝加哥亟需的地铁系统建设推迟了几十年，当1938年斯塔特街线路终于动工时（首批地铁于1943年开

139

140

始运行），这项工程与《规划》及1909年以来其他报告提议的方案相比规模小了许多。

　　《芝加哥规划》要求通过填湖和造园改造城市湖滨，使之成为一个连续的、壮观的、能让更多人享受这一城市最奇妙自然特征的公共公园。第十四街南侧湖滨的填埋从1917年开始，十三年后工程推进到了杰克逊公园，但伯纳姆最初设计于1890年代的长形内湖并未开挖。不过芝加哥确实建了湖滩和其他休闲设施，以及位于新菲尔德博物馆南面的士兵体育场（1924）。在士兵体育场和菲尔德博物馆东边创建的北岛和《规划》十分接近。构成连接北岛通道的土地和该岛一起成为谢德水族馆（1929）、阿德勒天文馆（1930）、1933—1934年进步世纪国际博览会和二战后不久兴建的梅格斯·菲尔德机场的所在地。

　　同时，林肯公园向北向外扩张，至1920年代早期扩到戴弗西景观路，晚期扩到蒙特罗斯大道，1933年延伸到福斯特大道，之后直到1950年代才到达现在的最北端好莱坞大道。1916年芝加哥建成市政码头（不久后更名为海军码头），它是《规划》建议的两处人工填埋伸入湖中的码头岸线区之一，只不过是被建在了格兰德大道而非《规划》建议的芝加哥大道。其南面与之对应的另一个位于第二十二街的码头则未能兴建。

　　《规划》想使格兰特公园（南北端分别以兰道夫街和第
十二街为边界）成为城市的文化中心。而这顶皇冠上的明珠
将是菲尔德博物馆，它选址在国会街"芝加哥之轴"中央，
旁边是克雷雷尔图书馆。当蒙哥马利·沃德公司提起的诉讼
使这一计划无法实现时，菲尔德博物馆的位置被换到了格兰
特公园南侧，克雷雷尔图书馆建在了密歇根大道和兰道夫街
交叉口西北角，与芝加哥公共图书馆和格兰特公园相对（后
来它又搬迁了两次，先是于1962年搬到了伊利诺伊理工大学　　141
校园内，1984年又搬到了现在芝加哥大学内的地址）。芝加
哥致力于建造公园和在伊利诺伊中央铁路周围建设房屋以减
小铁路的影响。这两项举措都十分符合《规划》的精神。

　　伯纳姆为格兰特公园做的第一项设计是在菲尔德博物
馆的东面布置了一个喷泉，它的位置与1927年完工并成为芝
加哥地标之一的白金汉喷泉大致相同。与伯纳姆共事的规划
者，包括美术馆的一些理事在内，提倡扩建博物馆的设施，
以增加更多展览空间、工作室、一所学校、行政办公室和户
外长廊花园。当蒙哥马利·沃德诉讼案使公园地面以上无法　　142
兴建任何建筑时，美术馆在伊利诺伊中央铁路上方、原有建
筑后面建起了一排侧翼建筑来应对这个限制。在1920年代中

图55 市政码头建于1913至1916年间（这张照片摄于1914年）。规划提议的两个码头只有北侧的那个建成，并且它位于格兰特大道而非芝加哥大道。市政码头在1920年代改名为海军码头。它长3 000英尺，宽近300英尺，包括港口设施、仓储库房、铁轨线路、办公空间和最东边一个保留至今的舞厅。《芝加哥每日新闻》，芝加哥历史学会（DN–0063456）。

第八章 实 施

图56　海军码头，约1920—1921
年。这是从东北方向拍摄的码头景
象。舞厅于1976年重建，而位于它后
方、多年来被用于各种用途、损坏程
度严重的航运设施在1994年被现在的
休闲娱乐综合设施所取代。芝加哥历
史学会（ICHi–14115）。

期，艺术博物馆在建设小乔治·亚历山大·麦金洛克纪念园和肯尼斯·索耶尔·古德曼剧院时采用了同样巧妙的手段，将它们安排在铁路东面填湖而成的土地上。古德曼公司于2000年10月20日启用了位于北卢普区的现有剧院大楼，此时距离原址落户艺术博物馆整整七十五年。当天，芝加哥剧作家肯尼斯·索耶尔·古德曼的作品在这里上演，而剧院最初正是他父母为纪念他而出资兴建的。

《芝加哥规划》建议沿湖滨修建一条休闲景观路，并用高架桥将它与市区相连。景观路的南区部分于1917年开工，1932年修到第五十七街，并在第二十三街、第三十一街、第三十九街和第四十七街有高架桥。大萧条时期伊利诺伊州出资修建了景观路的北区部分。这条景观路在1933年延伸到了福斯特大道。北区的景观路有一系列四叶草式立交桥供车辆出入。在瓦克和穆迪领导下，芝加哥规划委员会与南部公园理事会和林肯公园理事会讨论了在湖滨附近跨芝加哥河建桥以连通格兰特公园和市政码头并减少密歇根大道大桥交通量的可能性。这条双层大桥连通了南北的道路，向北延伸到俄亥俄街，向南延伸到门罗街，它在联邦公共工程管理局的资助下建成并于1939年通车。这条路的急转弯数量直到1986年建成现在的S形弯道后才有所

143

144

第八章 实施

图57　1929年朝向西北密歇根大道方向拍摄的格兰特公园。尽管这所公园当时还没有现在的许多景观和建筑物，但基本架构已经形成。白金汉喷泉（1927）已经建成，艺术博物馆也已扩展到了至今仍相当重要的伊利诺伊中央铁路公司轨道的上方。芝加哥历史学会（ICHi-03394）。

减少。巨大的交通量要求在俄亥俄街和贝尔蒙特大道之间新建一段较宽路段。

　　《规划》迫切要求在芝加哥建造更多公园和运动场，并在市内和城郊留出休闲用自然区域。这符合20世纪初特别公园委员会和外环委员会制定的政策。开发湖滨是《规划》在公园改造方面最令人惊奇的影响，不过《规划》对森林保护的推动在范围上要广大得多。库克县的森林保护区在1914年通过投票，次年建立，其理事会的成员包括查尔斯·瓦克。1916年它得到了第一块新增土地，位于库克县西北部现在的鹿林森林保护区。保护区很快增加了斯科奇山谷的部分土地。1921年它从约翰·D. 洛克菲勒的女儿、芝加哥大学主要捐资人、商业俱乐部湖滨公园委员会成员哈罗德·麦科米克的妻子伊迪丝·洛克菲勒·麦科米克那里得到83英亩土地的捐赠，这项捐赠加上保护区购买的100英亩土地成为布鲁克菲尔德动物园所在地。到了1925年，芝加哥规划委员会自豪地宣布森林保护区又得到了3万英亩宽广的绿植带，"南起印第安纳州界的湖岸，北至格伦科附近的湖岸"。

　　芝加哥规划委员会沿袭最纯粹的进步主义传统，它对政府机构组织的低效感到惋惜。它在1920年曾预计，分散

第八章　实施

图58 这张照片可能摄于1880年代中期，当时照片左侧的帕尔默夫妇住宅（1882，北湖滨快速路1350号）刚刚建成。此时，湖滨快速路（常被称为内快速路，以区别于后来在东面填湖造出的土地上建成的限制出入的汽车道）是一条相对较安静、供马车沿湖滨而行的林荫道。芝加哥历史学会（ICHi-37286）。

图59　这张湖滨快速路1955年的照
片显示，这条道路已延长到现在位
于好莱坞大道的尽头。卡尔文·C.
奥勒森，芝加哥历史学会（ICHi−
37277）。

于全城的市政府机构每年多花纳税人7.5万美元，而新建的市政厅（到现在仍在使用）即使在落成的1911年也显得过小。但《规划》中的"在大广场建造统一市政中心"这一最具原创性的建议从未能得到实施所需的热切支持。不过委员会为之奔走的另一个项目有了成果：近西区兴建了一所能处理大量进出芝加哥的信件的美国中央邮政局。芝加哥规划委员会注意到，当时的邮政总局自1906年建成以来，仅仅新增邮件数量就已超过1919年波士顿、底特律、辛辛那提、堪萨斯城和泽西市的总和。

委员会抱怨邮政服务正逐渐变慢，"如果不立即减压，两年内服务系统将完全崩溃"。它为新邮政局推荐了一块地处运河街、位于麦迪逊街和亚当斯街之间的两个街区大小的地块，因为从城市所有地区和附近的火车站都能方便地到达这个地点。1919年6月，邮政部长委派了一个委员会研究这个问题，由"无处不在"的查尔斯·瓦克担任主席。1927年，政府得到了运河街上位于波尔克街和哈里森街之间的一大块地，就在委员会提议位置的南侧。这所当时世界最大的邮政局的建筑在1932年启用，成为城市的信件处理主中心，直到1996年被街对面规模更小、更为自动化的总信件处理局取代。

147

丹尼尔·伯纳姆早在邮政局落成的二十年前就已去世，但他间接影响着与《芝加哥规划》的实施有关的这座建筑和其他建筑。邮政局和菲尔德博物馆、联合车站、谢德水族馆都是由D. H. 伯纳姆公司的后继公司设计的。其他项目中，有些则有爱德华·H. 本内特的直接参与。《规划》出版那年本内特只有三十五岁，他担任芝加哥规划委员会的顾问建筑师直到1930年，在这段时间的前半部分里他的工资是由商业俱乐部支付的。本内特在伯纳姆的公司干了几年后，很快开始了作为独立城市规划师的职业生涯。他的客户包括布鲁克林、锡达拉皮兹、底特律、明尼阿波利斯、渥太华、波特兰、圣保罗和旧金山等。1917年出版的《明尼阿波利斯规划》和《芝加哥规划》惊人地相似。

在离芝加哥较近的地方，本内特为埃尔金、乔利埃特、温内特卡和他的家乡莱克福里斯特编制了规划，后来又为丹佛设计了市政中心，并且还为其他城市设计了各种各样的项目。在他编制《芝加哥规划》时的同事查尔斯·诺顿的请求下，本内特还参与了纽约市的区域规划的创制。他建立了"本内特、帕森斯与弗罗斯特"公司，该公司完成的项目包括白金汉喷泉。他的设计之一是1917年至1950年代中期伫立在兰道夫街和密歇根大道交叉口东南角附近的柱廊和喷泉。为纪念本内特，千禧公园在原址复制了这个柱廊。本内特以演讲和写作推广规划理念，并且为城市如何实施规划委员会提出的建议（包括他在1910年编制了初步规划的密歇根大道大桥问题）提供咨询。本内特为委员会所做的工作涵盖数十个工程，包括所有随之而来的商议、听证和辩论。

1930年，芝加哥规划委员会取消了顾问建筑师的职位。这个决定或许反映了大萧条冲击下对节俭的需要，不过更有可能的是它体现出了委员会的新领导层与其前任和本内特都有不同的观点。1929年，在委员会的监督下，本内特出版了一本题为《芝加哥之轴》的44页带插图的小册子，最后一次阐述了《芝加哥规划》所提出的"拓宽国会街并将它延伸到德普莱恩斯河，从而使它成为城市主要东西向通道"这一建议。很快，他便深受打击，因为委员会提议放弃包括市政中心在内的国会街轴线的想法，而专注于一项在门罗街建高架的提议。本内特以书面形式对此进行抗议，并且批评了邮政局的选址。但他输掉了这场争论，他与芝加哥规划委员会的合作结束了。

本内特继续得到重要项目，包括芝加哥1933—1934年国际博览会的几座建筑。他是指导设计华盛顿国家广场东片以北的"联邦三角区"数座建筑的建筑师委员会主席。他的"本内特、帕森斯和弗罗斯特"公司设计了位于联邦三角区西顶点、于1938年完工的顶点大厦，这是1954年去世的本内特最后的重要作品。于是，他的规划生涯就在丹尼尔·伯纳姆曾经开始事业的地方——在他这位前辈和合作者于世纪之交为参议院公园委员会设计项目的地方——画上了句号。

150

图60 这处柱廊和喷泉，是千禧公园新建筑中最传统的部分，它位于密歇根大道和兰道夫街交叉口东南角附近。柱廊上的铭牌注明，它是曾经立于此处的由爱德华·本内特设计的柱廊的复制品。哈兰·沃勒克，西北大学学术技术系。

第九章

遗　产

随着原"芝加哥规划委员会"在1939年的重建和重组，再也没有哪个组织、委员会或机构将实施《芝加哥规划》的提议作为其核心目标了。这并非意味着规划的时代在芝加哥和别的地方城市已经终结，而恰恰表明它进入了一个新的阶段，一个体现了《芝加哥规划》的深远影响的阶段。此时，这个国家以及海外的城市都已经理所当然地认为，城市政府的一项标准职能，是评估建成环境的状态并建立一系列专门机构和委员会以为它的改变提供建议。对于这一发展，《规划》的创制说不上是唯一的原因，但很可能是最重要的一个。

《芝加哥规划》出版后不过几年，规划已经成为一种独立的职业，美国的规划师也成为国际专业人士大家庭的一部分，他们以会议、书面等形式分享和辩论什么是城市的合理结构。美国规划师学会（American Institute of Planners）于1917年成立，后来与成立于1934年的美国规划人员学会（American Society of Planning Officials）合并，组建了美国规划协会（APA，American Planning Association）。美国注册规划师学会（AICP，American Institute of Certified Planners）是美国规划协会的职业认证组织。伯纳姆之后的规划师，无论对他的工作推崇与否，

151

普遍承认伯纳姆对建立他们的职业并提升其地位起到了关键作用。

　　单就芝加哥而言，一个值得思考的有趣问题是：在芝加哥规划委员会解散之后，特别的或较大规模的开发是否在某种意义上仍是源于《规划》？但确切界定这种联系总是很难。例如，有人也许会提出，国会高速公路（1956年启用，1964年被重新命名为艾森豪威尔高速公路）是对《规划》提出的拓宽和延伸国会街建议的升级版，但另一些人也许会认为这是对《规划》提出的"将国会街改造为一条庄严的市民大道以构建'芝加哥轴线'"这一设想的亵渎。类似地，我们也可以设想丹尼尔·伯纳姆是否会欢迎一些《芝加哥规划》中没有详细建议的项目，如士兵体育场（1924；2003年改建）、谢德水族馆（1929，《芝加哥规划》铁路站场委员会成员约翰·G.谢德的献礼），以及阿德勒天文馆（1930）。虽然伯纳姆充满感情地强调密歇根湖是城市最重要的自然要素，湖滨地区必须保持向公众开放，但他也赞同在格兰特公园布局文化机构，所以无疑他会喜欢水族馆、天文馆甚或体育场的选址。

　　伯纳姆是否会赞同大型商贸展览和会议中心（也就

152

图61 国会景观路和高速公路（现为艾森豪威尔高速公路）工程于1949年动工。这张照片是1951年在高大的美国邮政局大楼上朝向西面拍摄的。国会景观路最终从邮政局底下穿过，直接接上高速公路。米尔德里德·米德，芝加哥历史学会（ICHi-27308）。

图62 这张朝向东南的湖滨航拍照显示了菲尔德博物馆（中）、谢德水族馆（左中）、阿德勒天文馆（左上，景观道尽头）、北岛（右上）和士兵体育场（右）。梅格斯·菲尔德机场尚未在北岛上兴建。此时，湖滨快速路的北向交通从士兵体育场和菲尔德博物馆东面经过，南向车道位于它们西面。1996年年底，整条道路被移到体育场和博物馆西面，而罗斯福路的改造使得一个更加完整统一、有人行道通往格兰特公园的"博物馆区"成为可能。霍华德·A.沃尔夫，1947，芝加哥历史学会（ICHi-00940）。

第九章 遗 产

是麦科米克区，1960，1971，1986，1996），或现在沿湖
的私人游艇俱乐部？这个问题更难回答。基于他关于保 153

护作为公共资源的湖滨地区的重要性的一些阐述，或许我
们可以认为他会强烈反对。但他自己也规划了格兰特公园
的展览建筑和游艇俱乐部，并在他希望构建的市中心和杰
克逊公园之间的潟湖沿岸布局了餐馆和酒店。作为1893年
哥伦布世界博览会舞台上的主角，伯纳姆也很可能会祝福
1933—1934年"进步世纪国际博览会"落户于北岛和伯纳
姆港周边。他可能也会赞同将市政码头改建成像今天的海
军码头这样的湖滨公共休闲、展览和娱乐区。作为劲头十
足的旅行者和相信要为富有商人提供便利的人，他应该会
非常高兴看到北岛上梅格斯机场的开放，也肯定会支持中
途机场和奥黑尔机场的建设。作为城市美化运动的旗手，
他应该会支持芝加哥近年来投入大量精力，通过栽花、植
树、为街区安装装饰性标识等来提升城市景观。并且，虽
然伯纳姆也许不会选择千禧公园一些设施的后现代建筑风
格，但他应该会很欣喜于该公园如此成功地将当地居民和
旅游者吸引到市中心湖滨地区。

　　任何关于《芝加哥规划》和丹尼尔·伯纳姆本人对后
世影响的讨论都因《规划》和伯纳姆多年来取得的偶像般

《芝加哥规划》与美国城市的再造　　　　　　　234

图63 这张约摄于1933年的"进步世纪国际博览会"鸟瞰照片视角朝北。虽然《规划》沿南岸湖滨开挖连续内湖的提议被弃置,但位于照片右边的北岛在它的西侧形成了一个小型内湖。在博览会的最北面可以看到士兵体育场、菲尔德博物馆、谢德水族馆和(大部分被进步世纪塔遮挡的)阿德勒天文馆。芝加哥历史学会(ICHi-31117)。

图64 1963年3月23日，理查德·J. 戴利市长主持、约翰·F. 肯尼迪总统参加了芝加哥奥黑尔国际机场的新客运大楼的落成典礼。在这个铁路交通持续衰退、航空和公路旅行和运输持续增长的时代，新机场及其在多条州际公路的交汇点的布局对于保持城市作为重要交通汇聚点的地位至关重要。芝加哥历史学会（ICHi－32484）。

的地位而变得复杂。从很早开始，《规划》就已不再仅仅是规划建议的合集，伯纳姆也不再是单纯的建筑师和规划师，而是都已经成为城市景观中的地标，成为规划师和城市领导者眼中如同密歇根街和格兰特公园那样直观可感的存在。开发商、公共官员、政治家、新闻记者以及评论家经常引用《规划》和伯纳姆，他们并不是要详细分析前者的方案或后者的职业生涯，也不是真的对这两者感兴趣，而是为了提出自己关于芝加哥或者现代城市生活的正确方向的观点。无数各类项目的鼓吹者都会援引这句由查尔斯·莫尔归于伯纳姆的名言："不做小规划——它们缺乏令人热血沸腾的魔力！"其实它更像是在暗示：拒绝他们的提议，就是要抛弃芝加哥成功的灵魂所在。另一些人则批评"大就是好"的观点，认为它所传达的城市建设理念（至少在他们看来）与小尺度的人的需求是相冲突的。

20世纪的历史学家和文化批评家刘易斯·芒福德就是以这个理由抨击《规划》的阵营中的一员。芒福德继承了路易斯·沙利文的传统（此人将伯纳姆形容为"一条商业大鳄"），他批评伯纳姆的根本目的是抬高地价，而这也正是整个商业俱乐部的目的，对俱乐部而言，在芝加哥的财务投资与感情投资是互利的。在《城市发展史：

起源、演变与前景》（1961）一书中，芒福德将《规划》称作20世纪"巴洛克规划"的最典型案例，认为这套想法"丝毫不关心作为城市有机单元的街区，不关心家庭住房问题，也没有充分认识到，工商业自身的秩序是城市秩序的任何重大成就的必要组成部分"。

城市学家简·雅各布斯在城市规划的某些方面与芒福德意见极为不同，但同意芒福德对伯纳姆的批判。在她最有名的著作《美国大城市的死与生》（1961）的引言中，雅各布斯特别批评了伯纳姆对市政中心和地标性设计的强调，她认为这些东西贬低而不是提升了周边的街区。的确，《规划》无论文字还是图纸都没有特别关注雅各布斯非常看重的城市街道生活，也没有特别重视个体是如何真实地感知城市的，城市更多被当作一个需要尽可能高效通过的网络体系。除了极少的例外，在盖兰和简宁的图画上，人要么是彻底失去了影踪，要么是被巨大的建筑物衬托得极其渺小。

然而，芒福德也评论道，伯纳姆关于"不做小规划"的名言中虽然隐含着"对历史现实的无情凌驾"，但也包含着"一丝人类所能拥有的深刻洞见"。无论伯纳姆的规划图景是合理的还是具有误导性，它都的确能够令人热血

COPYRIGHT, 1908, BY COMMERCIAL CLUB OF CHICAGO

图 65 盖兰绘制的作为连续林荫道的密歇根大道的鸟瞰图。即使在这条以个人赏景和愉悦为主要目的的道路上，宏大的格局也使得外出兜风、闲逛或购物的人们显得渺小而分散。在《规划》描绘城区的几幅图中，人更加渺小，甚至整条街道空无一人。芝加哥历史学会（ICHi–39070_6t）。

图66 这幅盖兰绘制的格兰特公园内
菲尔德博物馆以西的广场方案图像是
印象派的城市风景画，它是为数不多
的表现热闹城市生活的图画之一。芝
加哥历史学会（ICHi-39070_7o）。

沸腾，因为它如此强烈地表达了超越琐碎的解决方案，去到最宏大的尺度上进行有效行动的愿望。在那个生活开始现代化，美国人意识到20世纪的城市经历充满着局限性和不可预知性的特定时刻，伯纳姆坚持了这一点：如果足够大胆、勇敢和果断，我们是有可能主宰时空并让一切走上正轨的。《规划》真正的历史魅力正在于这一事实：它宣告，历史不是人类意志的对手，城市能够决定而不只是接受它们的命运。

如城市历史学家卡尔·阿伯特所指出，《芝加哥规划》是1880年代到1920年代这整个时代的代表文件，在这一时期，"公共利益和私人利益团结了起来，以整合这座不断扩张的大都会"。阿伯特将《规划》同芝加哥公园理事会、卫生区和早年芝加哥规划委员会的工作归为一类。在这种语境下，我们可以认为，《规划》最重要的遗产是对以下思想的始终坚持：不仅要宏大思维，还必须综合思维。《规划》认为，芝加哥是一个包含了许多要素的区域的一部分，区域是一个各种要素相互关联的系统——其中任何一点或好或坏的改变都会波及作为整体的都市区。阿伯特评论道，自从1930年代以来，规划的目标"已变得更加具体或者说有限"，反映出之前时代的"城市远见"

157

正"逐渐分崩瓦解"。这并不一定是一种不幸的发展，因为，虽然伯纳姆或许鄙夷"小"规划，但很可能更为具体和有限的规划建议要比大型方案更有机会得到成功实施，而且最终它们也可能更有效地惠及更多数量和类型的人群。

阿伯特关于规划正在缩小关注点的描述是准确的。公共或半公共机构，以及街区或私人团体，已经针对芝加哥建成环境的特定部分或城市生活的特定方面，完成了许多规划研究和文件。其实早在1913年，芝加哥城市俱乐部就赞助了一场竞赛，以鼓励对城市外围地区的更优规划，其目的是创造有吸引力、功能完善的居住区。1930年代末到1940年代初，众多提案关注的是公园与景观道路系统、新的地铁系统和给排水设施。在接下来的十年中，规划师们的注意力集中到了复兴城市工业基地和提升芝加哥老城区的宜居性上面，这是对城市基础设施、工厂和住房的老化现象（部分原因是大萧条和二战导致的维护不力）的一种回应。

在1909年，规划师关心的是怎样继续吸引人们前来芝加哥；二战以后，这个问题变成了怎样把人们留在芝加哥。芝加哥的人口在1950年代初达到顶峰后开始下降；同时，非裔美国人的比例从1940年的8.2%迅速攀升至十年后的13.6%。于是，在一些规划中，一个并不十分隐晦的问题是：如何在一个种族隔离突出的城市保持共同的社区感？这个问题被很多人认为是导致芝加哥白人向郊区迁移的重要因素。当然，它并不是这个引起规划师关注的现象背后的唯一原因。1943年7月，在芝加哥周边的小镇全面发展起来之前，芝加哥规划委员会就发布了一份题为《建设新邻里》的报告，提出要在城里建设能够将芝加哥人留在芝加哥的郊区风格住宅区。

159

此前一年，委员会已经出版了《芝加哥市的四十四座城》一书，重点分析是什么因素使城市中的各个街区如此与众不同。1946年，委员会同伍德朗规划委员会合作，以南区的街区为例来展示如何分析"人到中年"的芝加哥居住区所面临的问题，其目的是寻找通过优化土地利用、重建物质设施和提高服务水平来复兴社区的方法。1951年，委员会发布了一份关于工业的报告，提出通过改变功能分区等一系列措施，来复兴衰败的住房和工厂，并使后者更有效地集聚。五年之后，芝加哥大学的一个研究小组受芝加哥"社区保护委员会"的委托，分析了海德公园—肯伍德街区如何可能通过清理贫民窟、建设更好的住房和

160

考虑其他有助于增加社区活力的举措以变得更加有序和
稳定。

　　到了理查德·J. 戴利市长治下（这位市长从1955年春
天当选开始，一共连任了六届），伯纳姆"不做小规划"
的信条相当程度上得以回潮。1940年代末，芝加哥规划委
员会提出在麦迪逊街和凡布伦街之间的芝加哥河东岸地区
建一座现代市政中心综合大楼，但最终未能实现。在戴利
首届任期的第三年，芝加哥新的城市规划局编制了《芝加
哥中心区发展规划》，其中的项目在戴利及其继任者任内
得到充分落实的包括：位于市政厅—县大楼（1911）东侧
的市政中心（1965，现为理查德·J. 戴利中心），附近的
伊利诺伊州中心（1985，现为詹姆斯·R. 汤普森中心）
和包含多座建筑的联邦中心（1964，1974，1991），湖滨
快速路沿线靠近连接大桥的S弯道（1986），伊利诺伊大
学芝加哥分校从海军码头迁往位于近西区的现址的项目
（1965），卢普区南侧和近北区的居住区开发，以及芝加
哥河主河道南岸和密歇根街东侧的大型建设。

　　尽管《中心区发展规划》是一份雄心勃勃的规划，但
正如其标题所体现的那样，它的规划范围仅仅是《芝加哥
规划》中"芝加哥的心脏"一章所覆盖的那部分城区。同

样，1972年的《芝加哥湖滨规划》关注的也只是它的标题所指的范围，而1973年的《芝加哥21世纪》规划则是《中心区发展规划》的升级版。《湖滨规划》旨在巩固政府对湖滨地区的控制，维护和改善湖滨公园的环境和水质，保持湖滨快速路的景观道路品质。《芝加哥21世纪》认为它要解决的问题是市中心的持续退化，特别是除工作以外其他功能的退化。尽管该规划提出的建造斯塔特街购物中心以同郊区购物中心相竞争的方案明显不成功，但是哈罗德·华盛顿图书中心的建成（1991），交通条件的改善，一些城市和私立大学在卢普区及其周边的落户，以及中心区近期的人口大增长，都证明《芝加哥21世纪》规划产生了相当大的影响。

由市政府赞助的最新中心区规划是2003年的《中心区规划》，由理查德·M.戴利市长治下的规划和发展局、交通局和环境局共同编制。这份文件预计，到2020年中心区将拥有更多工作机会、居住人口、游客、学生和零售机构，因此它提出了百年以前的《芝加哥规划》曾经提过的一些建议，尤其是像进一步改善公共交通设施、进一步开发滨水区以供公众利用这样的建议。不过在阐述"芝加哥应当尊重和保护自己的过去从而成为一座可持续的城市"

图67 位于南斯塔特街400号的哈罗德·华盛顿图书中心（1991）的建设，既是为了替代一所已存在了一个世纪的设施（现为芝加哥文化中心，它位于密歇根大道在兰道夫街和华盛顿街之间的路段上），也是为了复兴南卢普区。约翰·麦卡锡，芝加哥历史学会（ICHi-38003）。

的时候，它更多是在回应当下的关切，而不是1909年的关切。

　　尽管这些规划没有一个像《芝加哥规划》那样包罗万象，但好几个都宣称自己是《芝加哥规划》的遗产的一部分。在《芝加哥21世纪》的前言中，理查德·J. 戴利市长提到了"特别强调中心区"的"伯纳姆梦想"带给人们的灵感。1949年的市政中心建设方案也自称是基于《规划》的精神，尽管它并不接受《规划》的新古典主义风格。它主张新建的政府大楼应该是最先进的高楼大厦（就像后来建成的戴利中心那样），这与《芝加哥规划》描绘的带穹顶的庞然大物截然不同。《芝加哥21世纪》声称，"当代人在享受《伯纳姆规划》成果的同时"，也能够通过建设一座"计划周详"、"位置便利"、"设计恰当"的市政中心"为后世留下遗产"。

163

　　像《芝加哥规划》那样范畴宽广的规划也在继续出现，虽然它们与《芝加哥规划》的不同点一点不比相同点少。芝加哥规划委员会1966年编制的《芝加哥总体规划》讨论整个城市，但它对生活质量问题的关注远远超过伯纳姆和商业俱乐部。它研究了改善家庭、劳动阶层、弱势群体生活条件的必要性。《芝加哥总体规划》的颁布就在

1960年代末的城市骚乱前不久，当时芝加哥作为工业巨头的时代正走向终结，规划致力于扭转居住分异，创造更多服务业岗位，以及改善住房、交通、娱乐设施和公共教育。不过，正如卡尔·阿伯特指出的，对规划师来说，设计有效途径以改善社会是一项比实现物质改变更艰难的任务。为贫人和中产阶级谋求良好的住房条件、阻止种族隔离、维系成功服务所有学生的高质量教育系统等目标，都已被证明是非常困难的。

有两个规划足以被视为《芝加哥规划》的直接继承者，它们都能够有力地证明自己的血统。芝加哥区域规划协会于1956年编制了《芝加哥区域规划》，其中一位作者不是别人，正是担任协会主席长达三十年之久的建筑师小丹尼尔·H. 伯纳姆。与小伯纳姆合作编写这个规划的，是身为协会总经理和伊利诺伊州公共工程部前任主任的罗伯特·金格利（金格利高速公路就是以他的名字命名）。《芝加哥区域规划》被作为向芝加哥商人俱乐部的献礼，它的长篇致辞写道，商人俱乐部的成员"保持了一贯的关注，一如既往地引领着《芝加哥规划》和更新的《芝加哥区域规划》在芝加哥地区的实施"。致辞还写道，"商业俱乐部为数不多且分散各地的健在成员，在他们的晚年组织了这本书的出版", 他们这样做"不但达成了一项杰出成就", 而且"向当代的年轻人提出了挑战: 能否高举并珍惜祖辈点燃的火炬?"《芝加哥区域规划》尽管在表现形式上不及《芝加哥规划》华丽, 但二者的篇幅、结构和涉及的问题都十分近似, 只不过《芝加哥区域规划》如其标题所示, 比《芝加哥规划》更多地探讨了芝加哥和它所在区域的关系。

明确再现了《芝加哥规划》的最近的一部规划, 是出版于2001年的《芝加哥大都市2020》, 副标题是"21世纪的芝加哥规划"。与《芝加哥规划》类似,《芝加哥大都市2020》由商业俱乐部——与美国艺术与科学学院一道——予以赞助。这部规划中信息丰富的图表和引人注目的照片, 也都让人想起《芝加哥规划》。起到相同作用的还有规划的封面, 一幅儒勒·盖兰绘制的从湖上俯视芝加哥市区的鸟瞰图的更新版本。这部规划的作者是芝加哥律师埃尔默·W. 约翰逊, 他是阿斯本研究所的前任所长, 同时也是这部规划两家赞助方的成员。《芝加哥大都市2020》在一开始就采用了《芝加哥规划》的一些前提假设, 最突出的一点就是, 芝加哥是一座必须经过非常仔细的超前规划并找到明智的解决方案才能实现繁荣的商业城市。与《芝加哥规划》和《芝加哥区域规划》一样，《芝加哥大都市2020》论述了区域思维的必要性，指出目前的芝加哥地区包含了库克县和全部五个与它接壤的县。

《芝加哥大都市2020》讨论了许多《芝加哥规划》和《芝加哥区域规划》同样关注的主题，如经济活力、交通、休闲、土地利用等。回头看看一个世纪前的进步主义方案，它也提议要使管理机构更加流畅和高效。和《芝加哥规划》一样，它也讨论了实现改变所需的立法工作，以及向公众宣传规划的价值的必要性。但是，《芝加哥大都市2020》也在一些重要方面与《芝加哥规划》非常不同。新规划以新近的历史学和社会科学研究成果作为分析基础，更加关注教育的改进、医疗保健的拓展、儿童保育和对低收入家庭的服务的提升。

自《芝加哥大都市2020》出版以来，"芝加哥大都市2020"工作组已发展为一个让人想到芝加哥规划委员会的团体。像后者那样，它也派遣领导和工作人员同政府官员和民间组织商谈，并且持续出版推动规划实施的资料。只不过它的发言人演讲时用的是PPT而非幻灯片，而且它的一些出版资料被放到网上或刻成光盘。《芝加哥大都市2020》吸取了《瓦克手册》的经验，也力求吸引年轻一代

图68　这幅图出现在《大都市规划：芝加哥区域的选择》的封面上，这是一本概括了那些在《芝加哥大都市2020：21世纪的芝加哥规划》中得到更详尽讨论的重大目标和方案的小册子。尽管图中景象在《芝加哥规划》中并没有准确与之对应的图，但它令人想起后者中的城市鸟瞰图。一个显著的差别是，这幅图采用了比盖兰的大部分图画都要远的视角，它反映出《芝加哥大都市2020》的重点是一个包含芝加哥在内的更广区域，而不仅仅是城市本身。米切尔·A. 马克维茨，《芝加哥大都市2020》。

　　　　　　　　　　　　　　　　　　　　　第九章　遗　产

的兴趣，虽然它的手段不是带复习题的市民课本，而是一个以本地通人物"地铁阿乔"为主角的网络电脑游戏。

因此我们可以说，在《芝加哥规划》出版以来的一个世纪里，对芝加哥未来的规划在某些方面回到了原点，但在其他方面却又有很大变化。《芝加哥大都市2020》的基本理念是，公共利益和私人利益能够并且应当联合起来再造一个大都市社区，以造福每一个人。和《芝加哥规划》一样，它相信理想和现实的目标并不冲突。它也注重通过控制增长来保持增长。此外，两个规划都受到"不做小规划"哲学的影响。但是，今天的人们更充分地认识到，规划必须考虑更复杂的人类问题，这些问题不是靠建更多公园和加强卫生措施就能解决的，也不是其他任何总体上都充满设计性和工程性却没有充分考虑大都市社会和物质结构的方案所能解决的。

综合社区规划的理念受到人们所珍视的传统观念的强烈抵抗，后者认为人应该能按照自己的愿望安排自己的生活和住房。与1909年那时相比，如今拥有政治力量的利益团体也要多得多，它们都希望自己的需求能被满足，愿望得以实现。这对真正的民主社会来说是件好事，但也使得为芝加哥这样广阔而多样的地区的综合区域规划寻求或建立共识增加了困难。在这种情况下，能够使规划思想继续生存，并在芝加哥和其他城市保持活力的，就只有对城市生活以及对"城市生活应该、能够而且必须不断被改造得更好"这一观点的坚定信念。

167

第九章　遗　产

参考文献说明

任何对于《芝加哥规划》（*Plan of Chicago*）的理解都必须从《规划》本身的最初状态开始。好在虽然《规划》原版仅仅印了1 650册，但有两个复制版非常优秀，插图和文字都得到了仔细的复制：第一个版本由Da Capo Press（New York, 1970）出版，第二个版本由Princeton Architectural Press（New York, 1993）出版。包含所有插图的完整版本，还可以通过*Encyclopedia of Chicago*的电子版在线获得，具体网站为http://www.encyclopedia.chicagohistory.org/pages/10417.html。*Encyclopedia of Chicago*电子版的主页是http://www.encyclopedia.chicagohistory.org。或者，《规划》也可以通过电子版本的"Interpretive Digital Essay: The *Plan of Chicago*"到达，详见http://www.encyclopedia.chicagohistory.org/pages/10537.html。

　　此外，*Encyclopedia of Chicago* 电子版中还有由Chicago Plan Commission出版的用于公共学校的1912版《瓦克手册》（*Wacker's Manual of the Plan of Chicago*）全文，网址为http://www.encyclopedia.chicagohistory.org/pages/10418.html。虽然《瓦克手册》已经很长时间没有再版，这个1912版和其他版本的旧书还是可以在一些图书馆和旧书店里找到。*Encyclopedia of Chicago*的印刷版本，和电子版一样均由James R. Grossman、Ann Durkin Keating和Janice L.

169 Reiff编辑，由University of Chicago Press于2004年出版。

丹尼尔·H. 伯纳姆和爱德华·H. 本内特写的文章被收藏于芝加哥艺术博物馆的瑞尔森与伯纳姆档案馆（Ryerson and Burnham Archives）。这些文章是两人人生与事业的一部分，包含了大量与《规划》直接相关的材料，其中一小部分可以在 "Interpretive Digital Essay: The *Plan of Chicago*" 中读到，本书也节选了其中一部分。本内特的文章中涉及《规划》的创制和实施的记述尤其丰富（甚至细到每一天的变化）。虽然伯纳姆关于如何设计《规划》的很多通信都在本内特的文章中，但伯纳姆档案中收集了他的手稿、众多规划演讲中的数篇以及私人通信。芝加哥艺术博物馆还收藏了经过特别装订以献给伯纳姆的首本《规划》、包含许多儒勒·盖兰插图和费尔南德·简宁绘画的原版以及大量为《规划》所准备的地图和图表。芝加哥历史学会也有几幅盖兰的插图，学会的"芝加哥商业俱乐部"系列藏品中还有一大批重要的论文、出版物以及其他资料，学会的"芝加哥规划委员会幻灯片"系列藏品中有芝加哥规划委员会准备的许多图片。瑞尔森与伯纳姆档案馆的"历史建筑与景观"系列藏品中也有一些用于推广规划的幻灯片，其中有几幅在本书得到了引用。

丹尼尔·伯纳姆的密友兼同事查尔斯·莫尔为他撰写的包含溢美之词的两卷本传记*Daniel H. Burnham: Architect, Planner of Cities*（Boston: Houghton Mifflin, 1921）中，有丰富的伯纳姆照片以及对他生平的完整记述（虽然或许不那么中立）。Da Capo Press于1968年重印了该书。目前权威的伯纳姆传记是Thomas S. Hines的优秀著作*Burnham of Chicago: Architect and Planner*（New York: Oxford University Press, 1974）。Erik Larson的*The Devil in the White City: Murder, Magic, and Madness at the Fair that Changed America*（New York: Vintage Books, 2003）对伯纳姆在哥伦布世博会上的工作有详尽的记述。Kristen Schaffer是Scott J. Tilden编辑的*Daniel H. Burnham: Visionary Architect and Planner*（New York: Rizzoli, 2003）一书的文字作者，这些文字有Paul Rocheleau拍摄的照片加以生动说明。

　　Schaffer认为伯纳姆的声誉由于两方面原因而被不恰当地损害了，一是对他的创造性的低估，二是对其人格的一些个人攻击。这些攻击中最著名的，来自伯纳姆死后同时代的芝加哥建筑师Louis H. Sullivan所著的*The Autobiography of an Idea*（New York: Press of the American Institute of Architects, 1926; reprint, New York: Dover, 1956）。Schaffer在Princeton Architectural Press版的《芝加哥规划》中为规划所

写的出色的介绍值得特别留意，该文对伯纳姆的手稿和经莫尔编辑后正式出版的版本之间的差异作了一个最好的分析。Schaffer的"Daniel H. Burnham: Urban Ideals and the *Plan of Chicago*"（Ph.D. diss., Cornell University, 1993）是她对伯纳姆和《规划》更为系统的研究。

关于本内特，参见Joan E. Draper富于见解的*Edward H. Bennett, Architect and City Planner, 1874—1954*（Chicago: Art Institute of Chicago, 1982）；关于《规划》本身，参见伯纳姆建筑图书馆（Burnham Library of Architecture）的*The Plan of Chicago, 1909—1979*（Chicago: Art Institute of Chicago, 1979）。两者均为跟随芝加哥艺术博物馆相关展览发行的编目和样本册，后一部收有几篇关于《规划》的有价值的论文，［如］著名历史学家Neil Harris在"The Planning of the *Plan*"中讨论了《规划》的创作过程，该文是在1979年11月29日芝加哥商业俱乐部会议上的演讲，为的是庆祝芝加哥艺术博物馆举办的一次关于《芝加哥规划》的展览。Roger P. Akeley的"Implementation of the 1909 *Plan of Chicago*: An Historical Account of Planning Salesmanship"（M. A. thesis, University of Tennessee, 1973）对《规划》的推广进行了研究。关于商业俱乐部，参见Vilas Johnson的*A History* *of the Commercial Club of Chicago*，由Commercial Club出版于它成立100周年的1977年，其中还包括俱乐部成员John J. Glessner撰写的芝加哥更早期的历史。

　　《规划》的影响只是作为建成环境的芝加哥的非凡历史演变的一部分因素。关于作为建成环境的芝加哥的非凡演变这一主题，最好的通史是Harold M. Mayer和Richard C. Wade的*Chicago: Growth of a Metropolis*（Chicago: University of Chicago Press, 1969），当然这部著作只上溯到20世纪60年代。同样不可错过的，是Carl W. Condit先后出版的对这座城市六十年的两卷本经典研究*Plan: Chicago, 1909—1929：Building, Planning, and Urban Technology*（Chicago, University of Chicago Press, 1973）和*Chicago, 1930—1970：Building, Planning, and Urban Technology*（Chicago: University of Chicago Press, 1974）。近期有关19世纪和20世纪早期城市建设的最好的研究，有Daniel M. Bluestone的*Constructing Chicago*（New Heaven CT: Yale University Press, 1991）、William Cronon的*Nature's Metropolis: Chicago and the Great West*（New York: W. W. Norton, 1991）和Robin F. Bachin的*Building the South Side: Urban Space and Civic Culture in Chicago, 1890—1919*（Chicago: University of Chicago Press, 2004）。

171

有关芝加哥城市景观的单一要素的细致研究，参见Lois Wille的*Forever Open, Clear, and Free: The Historic Struggle for Chicago's Lakefront*（Chicago: Regnery, 1972; reprint, Chicago: University of Chicago Press, 1991）、John W. Stamper的*Chicago's North Michigan Avenue: Planning and Development, 1900—1930*（Chicago: University of Chicago Press, 1991）和Ross Miller的*Here's the Deal: The Buying and Selling of a Great American City*（New York: Knopf, 1996; reprint, Evanston, IL: Northwestern University Press, 2003），还可参见Wille的*At Home in the Loop: How Clout and Community Built Chicago's Dearborn Park*（Carbondale: Southern Illinois University Press, 1997）。芝加哥规划委员会（Chicago Plan Commission）定期更新发布其工作进展，其中也有很多信息。有关《规划》出版前后城市生活和增长的历史统计数据，参见每年的*Chicago Daily News Almanac and Yearbook*。Wesley G. Skogan的*Chicago Since 1840: A Time-Series Data Handbook*（Urbana: University of Illinois Institute of Government and Public Affairs, 1976）也是一个很有用的资源，还有市政府不同部门的年度报告，芝加哥历史学会和哈罗德·华盛顿图书中心的城市参考图书馆（Municipal Reference Library）

有很多这类报告，芝加哥公共图书馆已经将其中的很多上线，如健康部（Department of Health）的*Summary of Vital Statistics*见http://www.chipublib.org/004chicago/disasters/text/vitalstat/intro.html。

172

　　在美国（还不用说在全世界），关于城市规划的学术研究非常系统深入。要了解这方面，一个好的起点是从Donald A. Krueckeberg主编的*Introduction to Planning History in the United States*（New Brunswick, NJ: Center for Urban Policy Research, 1983）以及Daniel Schaffer主编的*Two Centuries of American Planning*（Baltimore: Johns Hopkins University Press, 1988）中收录的论文开始。其他的优秀参考文献，包括一些近期的优秀研究，按时间顺序罗列，有Jane Jacobs的*The Death and Life of Great American Cities*（New York: Modern Library, 1961）、Lewis Mumford的*The City in History: Its Origins, Its Transformations, and Its Prospects*（New York: Harcourt, Brace and World, 1961）、Mel Scott的*American City Planning Since 1890*（Berkeley: University of California Press, 1969）、Vincent Scully的*American Architecture and Urbanism*（New York: Praeger, 1969）、Mark S. Foster的*From Streetcar to Superhighway: American City Planners and Urban*

Transportation, 1900—1940（Philadelphia: Temple University Press, 1981）、M. Christine Boyer的*Dreaming the Rational City: The Myth of American City Planning*（Cambridge, MA: MIT Press, 1983）、Dolores Hayden的*Redesigning the American Dream: The Future of Housing, Work, and Family Life*（New York: W. W. Norton, 1984, 2002）、Richard E. Foglesong的*Planning the Capitalist City: The Colonial Era to the 1920s*（Princeton, NJ: Princeton University Press, 1986）、Peter Hall的*Cities of Tomorrow: An Intellectual History of Urban Planning and Design in the Twentieth Century*（New York: Blackwell, 1988）、Stanley K. Schultz的*American Cities and City Planning, 1800—1920*（Philadelphia: Temple University Press, 1989）、Jon A. Peterson的*The Birth of City Planning in the United States, 1840—1917*（Baltimore: Johns Hopkins University Press, 2003）、Alison Isenberg的*Downtown America: A History of the Place and the People Who Made It*（Chicago: University of Chicago Press, 2004）以及Emily Talen的*New Urbanism and American Planning: The Conflict of Cultures*（New York: Routledge, 2005）。这是一份选择性的书单，它反映的只是学术研究的概况。

173

索 引

（条目后数字为原书页码，见本书边
码；后跟 f 的页码表示该页有插图）

Abbott，Carl，阿伯特，卡尔，157—159，164

Abbott，Edith，阿伯特，伊迪丝，46—47

Acropolis，雅典卫城，11

Adams，Henry，亚当斯，亨利，xvi6

Addams，Jane，亚当斯，简，xvi—xvii，17，45—46，65，78

Adler Planetarium，阿德勒天文馆，141，153，155f

African American population，非裔美国人（口），43，159，164

American Academy of Arts and Sciences，美国艺术与科学学院，165

American Institute of Architects，美国建筑师学会，77

American Planning Association（APA），美国规划协会，151

Apex Building，Washington，D. C.，顶点大厦，华盛顿特区，150

An Appeal to the Businessman，《向商人呼吁》，132

Armour，Philip D.，阿莫尔，菲利普·D.，56

Arnold，Bion J.，阿诺德，拜昂·J.，35，52

Art Institute of Chicago，芝加哥艺术博物馆，25，41f，47，49f，57，
67，77；exhibition of *Plan* drawings，《芝加哥规划》绘画展，116；
extension over Illinois Central tracks，伸向伊利诺伊中央铁路上方的扩
建，142—143，114f

Ashland Avenue，阿什兰大道，138

Association of American Architects，美国建筑师协会，62

Athens，雅典，11

Atwood，Charles B.，阿特伍德，查尔斯·B.，26，61f，62

The Autobiography of an Idea（Sullivan），《管见自传》（沙利文），19，
171

The Axis of Chicago（Bennett），《芝加哥之轴》(本内特），149—150

Baguio（Philippines）plan，碧瑶（菲律宾）规划，23

Bartlett，Adolphus，巴特利特，阿道弗斯，83

Beaux Arts style，法式新古典主义风格，15，19，163—164

Bellamy，Edward，贝拉米，爱德华，16—17

Bennett，Edward H.，本内特，爱德华·H.，23，64，69，73f，79f；Commercial Club cipher，商业俱乐部标志，85，88f；death，逝世，150；promotion of the *Plan*，《规划》的推广，114，116，149—150；role in creation of the *Plan*，在创制《规划》中的角色，74，78，85，103—104；work for Chicago Plan Commission，为芝加哥规划委员会工作，132—133，148—150；zoning regulations，区划管理，132—133

Bennett，Frank，本内特，弗兰克，125

Bennett，Parsons，and Frost，"本内特、帕森斯与弗罗斯特"事务所，148，150

Bixby，W. H.，比克斯比，W. H.，82

boosterism，浮夸主义，4，7—10，35，52—53，128

Borg-Warner Building，博格—华纳大厦，63f

Breckinridge，Sophonisba，布雷肯里奇，索弗尼斯巴，46—47

"The Broader Aspects of City Planning"（Norton），关于"城市规划的广泛意义"的演讲（诺顿），117—118

Brookfield Zoo，布鲁克菲尔德动物园，147

Brooklyn Daily Eagle，《布鲁克林每日鹰报》，126f

Brunner，Arnold W.，布伦纳，阿诺德 W.，62

索 引

Buckingham Fountain（Bennett, Parsons, and Frost），白金汉喷泉（"本内特、帕森斯与弗罗斯特"事务所），142，144f，148

Building New Neighborhoods，《建设新邻里》，159

Burnham, Daniel H., 伯纳姆，丹尼尔·H.，xv, xvii；belief in big plans, 对大规划的信念，12，154—155，157—159，167；City Beautiful movement, 城市美化运动，14—15，154；death, 逝世，84，128—129；draft manuscripts of the *Plan*，《规划》草案手稿，104—110，108f，109f；early urban planning projects, 早期城市规划项目，22—23，62，68；grave site, 墓地地址，127f，129；honors and awards, 荣誉和获奖，62；iconic status, 偶像地位，154—155；influence on urban planning profession, 对城市规划职业的影响，151—152；leadership of *Plan* committee, 对《规划》委员会的领导，66—69，71—74，78—82，84—85，98—99，103—110；Lincoln Memorial project, 林肯纪念堂项目，128；notes on Lake Park project, 关于湖滨公园项目的笔记，28f；notes on *Plan* cost estimates, 估算《规划》成本的笔记，75f；personal and professional background, 家庭与职业背景，55—64；photographs, 照片，55f，59f，61f，73f；promotion of the *Plan*，《规划》的推广，112，116，128；public relations skills, 公共关系能力，30—33，62，67；qualities and work habits, 品格和工作习惯，54，61，62—63；Swedenborgian faith, 斯韦登伯格式的宗教信念，32—33，56

Burnham, Daniel H., Jr., 小丹尼尔·H. 伯纳姆，164

Burnham, Edwin and Elizabeth, 埃德温·伯纳姆和伊莉莎白·伯纳姆夫妇，55

Burnham, Margaret Sherman, 伯纳姆，玛格丽特·谢尔曼，57，127f

Burnham and Root，伯纳姆和鲁特，56—58，59f，94；First Regiment Armory，第一军团军械库，18；public and commercial buildings，公共与商业建筑，49f，57—58，58f，59f；residential design work，居住建筑设计，57。也参见D. H. Burnham and Company，D. H. 伯纳姆公司

Burnham Harbor，伯纳姆港，154

Burnham Park，伯纳姆公园，129

Burnham Plan. 伯纳姆规划，参见*Plan of Chicago*，《芝加哥规划》

Busse，Fred，巴斯，弗雷德，77，117，133

Butler，Edward，巴特勒，爱德华，70，73f，79

Calumet Harbor，卡吕梅港，83

Carr，Clyde M.，卡尔，克莱德·M.，66，73f，77，79，114

Carrère，John M.，卡雷尔，约翰·M.，62

Carry，Edward F.，卡里，爱德华·F.，73f

Carter，Drake and Wight，"卡特、德雷克与怀特"公司，56

Central Area Plan of 2003，2003年的《中心区规划》，162—163

Central Manufacturing District，中央制造业区，6

Century of Progress International Exposition of 1933—1934，1933—1934进步世纪国际博览会，141，150，154，155f

Chamberlain，Henry Barrett，张伯伦，亨利·巴雷特，114，116

"Chicago"（Sandburg），《芝加哥》（桑德伯格），52—53

Chicago 21，《芝加哥21世纪》规划，162—164

"Chicago: A City of Destiny"（talk by Goode），"芝加哥：命运之城"（古

德的讲话），5，8

"Chicago: City of Decisions"（talk by Mayer），《芝加哥：等待决定的城市》
（梅耶的讲话），5—6，8

Chicago: Growth of a Metropolis（Mayer and Wade），《芝加哥：一个大
都市的成长》（梅耶和韦德），5—6，171—172

"Chicago: Half Free and Fighting On"（Steffens），"芝加哥：自由在途，
仍需努力"（斯蒂芬斯），49

Chicago: Past, Present, Future（Wright），《芝加哥：过去、现在和未来》
（莱特），7—8

Chicago American，《芝加哥美国人报》，113

Chicago and South Side Rapid Transit Company，芝加哥与南区高速交通
公司，40

Chicago Association of Commerce，芝加哥商业协会，77，116

Chicago Board of Education，芝加哥教育理事会，77

Chicago Board of Trade，芝加哥交易所，7

Chicago Can Get Fifty Million Dollar for Nothing!，《芝加哥可空手套得
5 000万美元！》，123

Chicago Civic Federation，芝加哥公民联盟，26，49

Chicago Club（Burnham and Root），芝加哥俱乐部（伯纳姆和鲁特），
49f，57

Chicago Commercial Association，芝加哥商业协会，77

Chicago Culture Center，芝加哥文化中心，47，163f

Chicago Daily Chronicle，《芝加哥每日纪事报》，113

Chicago Department of City Planning，芝加哥城市规划局，133，161—162

Chicago Department of Planning and Development，芝加哥市规划与发展局，133

Chicago Examiner，《芝加哥检查者报》，116

Chicago Historical Society（Cobb），芝加哥历史学会（科布），47f

Chicago Inter-Ocean，《国际芝加哥》，8

Chicago Manual Training School，芝加哥手工业培训学校，65

Chicago Metropolis 2020，《芝加哥大都市 2020》，165—167

Chicago Metropolis 2020 organization，芝加哥大都市 2020 组织，165—167

Chicago plan commission，芝加哥规划委员会：Bennett's work for，本内特为它所做的工作，132—33，148—150；decline in activism，活跃性的降低，132—133；formation，组建，117；influence，影响，152—155；later planning work，后续规划工作，157—161，164；park construction，公园建设，147；promotional campaign，推广运动，117—129，131—132。也参见 promotion of the *Plan*，《规划》的推广

Chicago Public Library，芝加哥公共图书馆，41f。也参见 Harold M. Washington Library Center，哈罗德·M. 华盛顿图书中心

Chicago Railway Terminal Commission，芝加哥铁路站场委员会，139

Chicago Record Herald，《芝加哥信使报》，116

Chicago Regional Planning Association，芝加哥区域规划协会，138，164—165

Chicago River，芝加哥河：bridges，桥梁，80—81；harbor construction，港口建设，5；implementation of the *Plan*，《规划》的实施，134，139，140f；proposed diversion of South Branch，建议的南支分流，80；reversal of flow，改变流向，5，14，39；straightening project，

裁弯取直项目，134，139，140f

Chicago's Greatest Issue: An Official Plan，《芝加哥的最大事件：一部官方规划》，122—123

Chicago Tribune，《芝加哥论坛报》，112—114，116，119

Chinese population，华人，43，44f

Circle Interchange，环形互通立交，138f

City Beautiful movement，城市美化运动，14—15，67，154；focus on functionality and beauty，聚焦功能和美化，19，31；World's Columbian Exposition，哥伦布世界博览会，19，22f

City Club of Chicago，芝加哥城市俱乐部，159

City Hall，市政厅，41f，80

City Hall–County Building，市政厅—县大楼，80，147，162

City Homes Association，城市住房协会，45—46

The City in History（Mumford），《城市发展史》（芒福德），155—156

Civic Center，市政中心：failure to build，未能建成，130，138，147；lantern slide of，幻灯片，120—121f；*Plan* illustrations，《规划》插图，91，104—105f；recommendations of the *Plan*，《规划》方案，87，91，94，100f，103，147，149—150。也参见 Daley Civic Center，戴利（市政）中心

Civic Opera House，城市歌剧院，85

class difference，社会阶层差异，xvi；City Beautiful movement，城市美化运动，15；elitism of *Plan* creators，《规划》创制者的精英主义，95，127—128；*Plan*'s vision of urban order，《规划》的城市秩序观，102—103；prejudices，偏见，14—15，52。也参见 immigration，移民；

labor issues，劳工问题

Cleveland plan，克利夫兰规划，23，62

Cobb，Henry Ives，科布，亨利·艾夫斯，48f

Coliseum，大剧场，51f

Columbian Exposition，哥 伦 布 世 界 博 览 会。参 见 World's Columbian Exposition of 1893，1893年哥伦布世界博览会

Columbian Fountain（MacMonnies），哥伦布喷泉（麦克蒙尼斯），22f

Commercial Club of Chicago，芝加哥商业俱乐部，xv，xvii，51—52，64—70，155—156；*Chicago Metropolis 2020*，《芝加哥大都市2020》，165—167；cipher，标志，85，88f；City Beautiful movement，城市美化运动，67；collaboration on the *Plan of Chicago*，在《芝加哥规划》上 的 合 作，66—69，82—83，104，107，112；Fort Sheridan，谢里登堡，17—18；Lake Park plan，湖滨公园规划，29；media attention，媒 体 关 注，113；membership，会 员，64—67，71—72；merger with Merchants Club，与商人俱乐部的合并，71；origins of the *Plan* project，《规划》项目的缘起，54—55；promotion and distribution of the *Plan*，推广和分发《规划》，114—119；public contributions，对公益的贡献，65—66；speaker lists，演讲人名单，65

Committee on the Plan of Chicago，《芝加哥规划》委员会，72—73。也参见 creation of the *Plan*，《规划》的创制

Community Conservation Board，社区保护委员会，161

community planning and revitalization，社 区 规 划 与 复 兴，157—161，164，167

Comprehensive Plan of Chicago of 1966，1966《芝加哥总体规划》，164

Condit, Carl, 康迪特, 卡尔, 41—42

Congress Expressway, 国会高速公路, 138f, 152f

Congress Street and Parkway, 国会街和国会景观路, 138—139, 149—150, 152f

Cook County, 库克县, 165

Coughlin, "Bathhouse" John, 科夫林, 绰号"澡堂"的约翰, 51, 77, 128

County Building, 县大楼。参见 City Hall-County Building, 市政厅—县大楼

creation of the *Plan*,《规划》的创制, 71—85; collaboration by individuals and organizations, 个体和组织的合作, 54, 64, 66—72; expenses, 花费, 74, 75f; first meeting, 首次会议, 72—73; funding the process, 对过程的资助, 69—70, 73—74, 111—112; harbor planning, 港口规划, 80, 82—83; information gathering, 信息收集, 73, 76; lakefront planning, 湖滨规划, 73, 79, 80, 82; organizational support, 组织性支持, 77; political lobbying, 政治游说, 73—74, 76—78; publication of the *Plan*,《规划》的出版, 74, 84—85; railroad planning, 铁路规划, 73, 79, 80, 83—84; roadway planning, 道路规划, 73, 80—81; writing and editing process, 撰写和编辑过程, 103—110

Crerar Library, 克雷雷尔图书馆, 87, 141—142

Criticism of the *Plan*, 对《规划》的批评, 115f, 125—128, 155—159

Cronon, William, 克罗农, 威廉, 5, 172

cultural life of Chicago, 芝加哥的文化生活: dime museums and cheap theaters, 廉价博物馆和廉价剧院, 50f; planning issues, 规划问题, 47—48; recommendations of the *Plan*,《规划》的建议, 87

D. H. Burnham and Company, D. H. 伯纳姆公司, 94; building projects, 建筑设计项目, 42—43, 47, 59—60, 63f; successor firms and projects, 后续企业和项目, 148

Daley, Richard J., 戴利, 理查德·J., 156f, 161—164

Daley, Richard M., 戴利, 理查德·M., 162—163

Daley Civic Center, 戴利 (市政) 中心, 161—162, 163

Daniel H. Burnham: Architect, Planner of Cities (Moore),《丹尼尔·H. 伯纳姆：城市的建筑师和规划师》(莫尔), 55f, 60f, 62, 104—105, 170

Dawes, Charles G., 道斯, 查尔斯·G., 73f, 125

The Death and Life of Great American Cities (Jacobs),《美国大城市的死与生》(雅各布斯), 156—157

Debs, Eugene, 德布斯, 尤金, 45

Deer Grove Forest Preserve District, 鹿林森林保护区, 146

DeLaMater, John, 德拉梅特, 约翰, 73f

Delano, Frederic A., 德拉诺, 弗雷德里克·A., 66—69, 79

demographics of Chicago, 芝加哥的人口: 1900—1910 census figures, 1900—1910年人口普查数据, 43; growth during 1800s, 19世纪前十年的增长, xv—xvi, 1—2, 7; growth of the suburbs, 郊区的增长, 159; mortality rate of 1909, 1909年的死亡率, 43; police arrests in 1909, 1909年的警察逮捕, 48; population density, 人口密度, 45—47; post-World War II racial migrations, 二战以后的种族移民, 159; projected growth, 预测增长, 35; racial and ethnic composition, 人种和民族构成, 43, 159; rapid transit use, 高速交通的使用, 41—42; segregation, 种族隔离, 164

Deneen，Charles，迪宁，查尔斯，77，82

Development Plan for the Central Area of Chicago，《芝加哥中心区发展规划》，161—162

Dever，William，戴弗，威廉，133，136

dime museums，廉价博物馆，50f

dimensions of Chicago，芝加哥的城市面积，38—39

Donnelley，Thomas，唐纳利，托马斯，85

Drainage Board，排水系统理事会，77

early plans for Chicago，芝加哥的早期规划，2—10；boosterism，浮夸主义，7—8；Central Manufacturing District，中央制造业区，6；Goode's views of location，古德对区位的看法，5，8；grade elevations，抬升地平面，5，6；historic precedents for，历史先驱，11—18；limited nature of，受限的自然条件，8—10；Mayer's five decisions，梅耶的五个决定，5—6，8；planning culture，规划文化，6—8；Pullman model town，普尔曼模范市镇，6，15—16；transportation systems，交通运输系统，5—6；Union Stock Yard，联合货场，6

economic factors，经济因素：commercial downtown area，城市商业区，37—38；free-market economics，自由市场经济，3；manufacturing sector，制造业，43—44；speculation and belief in the future，投机与对未来的信念，7—8；working-class needs，工人阶级的需求，14—15

Eisenhower Expressway，艾森豪威尔高速公路。参见Congress Expressway，国会高速公路

electric trolleys，电车，37f，39

elevated trains，高架火车。参见 rapid transit lines，高速交通线

Eliot，Charles W.，艾略特，查尔斯·W.，125

Ellsworth，James W.，埃尔斯沃思，詹姆斯·W，26，28f，32，67

Études sur les transformations de Paris（Hénard），《巴黎改造的研究》（埃纳尔），13f

Exposition，博览会。参见 World's Columbian Exposition of 1893，1893年哥伦布世界博览会

Farwell，John V.，法威尔，约翰·V.，73f，82—83

Federal Center，联邦中心，162

Federal Triangle，Washington，D. C.，联邦三角区，华盛顿特区，150

Field，Marshall，菲尔德，马歇尔，25，26，29，55—56，68

Field Museum，菲尔德博物馆，153f，155f；Commercial Club work for，商业俱乐部为此所做的工作，68；current location，现址，25；Guerin drawing，盖兰的制图，160—161f；original location，原址，20—12f；proposed Grant Park location，格兰特公园的建议地址，25；recommendations of the *Plan*，《规划》的建议，87；Wight's Lake Park plan，怀特的湖滨公园规划，26

Fine Arts Building，［芝加哥世博会］美术馆。参见 Museum of Science and Industry，科学与工业博物馆

fire of 1871，1871年大火。参见 Great Chicago Fire of 1871，1871年芝加哥大火

First Regiment Armory（Burnham and Root），第一团军械库（伯纳姆和鲁特），18f

索　引

Fisher，Walter L.，费希尔，沃尔特·L.，87

Fitzpatrick，John，菲茨帕特里克，约翰，126—127

Flatiron Building，New York（D. H. Burnham and company），熨斗大厦，
　　纽约（D. H. 伯纳姆公司），60

Forest Preserve District，森林保护区，42，146—147

Fort Dearborn，迪尔伯恩堡，5，24

Fort Sheridan，谢里登堡，17—18，66

Forty-four Cities in the City of Chicago，《芝加哥市的四十四座城》，160

French，Daniel Chester，弗兰奇，丹尼尔·切斯特，22f

Fuller，Henry Blake，富勒，亨利·布莱克，9

Garfield Park conservatory，加菲尔德公园温室，42

General Committee on the Plan of Chicago，芝加哥规划总委员会，72—
　　73；也参见 creation of the *Plan*，《规划》的创制

George Alexander McKinlock Jr. Memorial Court，小乔治·亚历山大·麦金
　　洛克纪念园，143。也参见 Art Institute of Chicago，芝加哥艺术博物馆

Gerard & Rabe Clothing Manufacturers，杰拉德与拉贝制衣厂，44f

German immigration，德国移民，43

Goode，J. Paul，古德，J. 保罗，5，8

Goodman Theatre，古德曼剧院，143

government roles in urban planning，政府在城市规划中的角色，14

grade elevation，抬升地平面，5，6f

Graham，Ernest R.，格拉汉姆，欧内斯特·R.，61f

Grant Park，格兰特公园，82，136f；Buckingham Fountain，白金汉喷

泉，142，144f，148；Burnham's lakefront proposals，伯纳姆的滨湖方案，24—33；Guerin drawing，盖兰的制图，160—161f；Illinois Central tracks，伊利诺伊中央铁路公司铁轨，63f；142；144f；implementation of the *Plan*，《规划》的实施，141—143，144f，153—154；lakefront access，滨湖交通，153f；landfill-based expansion，基于填湖的拓展，42；Olmsted Brothers' proposal，奥姆斯特德兄弟景观建筑师公司的提案，27f；recommendations of the *Plan*，《规划》的建议，130，153

Great Chicago Fire of 1871，1871年芝加哥大火，4，4f，8，47f，48f

Great Lakes Naval Training Station，大湖地区海军训练站，66

Gray Wolves group in Chicago City Council，芝加哥市议会的"灰狼"帮，49—51

Guerin, Jules，盖兰，儒勒，84f，85，90—94，116，170；illustrations by，绘制的插图，89f，92—93f，96—97f，158f，160—161f；views of street life，街道生活场景，157，158f，160—161f

harbor，港口，5，80，82—83，100f

Harold Washington Library Center，哈罗德·华盛顿图书中心，162，163f

Harrison, Carter, II，卡特·哈里森二世，49，133—134

Harvard University，哈佛大学，62，125

Haussmann, Georges-Eugène，奥斯曼，乔治—欧仁，12

Haymarket bomb of 1886，1886年秣市广场爆炸案，14，16

Haywood, William "Big Bill"，绰号"大比尔"的威廉·海伍德，45

Hénard, Eugène，埃纳尔，欧仁，13

heritage of the *Plan*，《规划》的传承，151—167；central city planning，

城市中心区规划，161—164，community planning，社区规划，157—161，164，167；criticism of the *Plan*，对《规划》的批评，155—159；heirs of the *Plan*，《规划》的继承者，164—167；planning profession，规划职业，151—152；quality of street life，街道生活的品质，157—159；regional planning，区域规划，164—167

Hooker, George E., 胡克，乔治·E.，126—127，128

Hotel Burnham，伯纳姆宾馆。参见 Reliance Building，瑞莱斯大厦

housing，住房：planning issues，规划问题，36—37，45—47；of poorer residents，较贫穷居民的，14，45—47；population density，人口密度，45—47；shortcomings of the *Plan*，《规划》的不足，126—127。也参见 sanitation，环境卫生

How the Other Half Lives（Riis），《另一半怎样生活》（里斯），14

Hull-House settlement，赫尔之家社区，xvi—xvii，17f，25

Hunter, Robert, 亨特，罗伯特，45—46

Hutchinson, Charles, 哈钦森，查尔斯，125

Hyde Park–Kenwood neighborhood，海德公园—肯伍德街区，161

Illinois and Michigan Canal，伊利诺伊与密歇根运河，5

Illinois Central Railroad，伊利诺伊中央铁路公司，24—25，63f，136f，144f

immigration，移民，3—4，7；elitist response of urban planners，城市规划师的精英主义态度，15；foreign-born percentage of Chicagoans，外地出生的芝加哥人的比例，43；housing，住房，14，45—47；*Plan*'s vision of urban order，《规划》的城市秩序观，102—103

implementation of the *Plan*,《规划》的实施，130—150，152—155；
Bennett's contribution，本内特的贡献，148—150；bond issues，债券问题，124f，133；Chicago River straightening project，芝加哥河裁弯取直项目，134，139，140f；lakefront，湖滨，141—145；opposition to the *Plan*，对《规划》的反对，115f，125—128，155—159；park systems，公园系统，141—147；political relationships，政治关系，133；railroad reorganization，重新组织铁路系统，130—141；road and highway projects，道路和公路项目，133—139；zoning regulations，区划管理，132—133

Industrial Club，工业俱乐部，77

Industrial Workers of the World（IWW），世界产业工人联合会，45

Insull，Samuel，英萨尔，塞缪尔，70

Irish immigration，爱尔兰移民，43

issues faced by Chicago's planners，芝加哥的规划师们面临的问题，34—53；cultural life，文化生活，47—48；economic factors，经济因素，37—38；housing，住房，36—37；park systems，公园系统，36，42—43；politics，政治，48—51；pollution，污染，36；quality of life，生活品质，36；railroads，铁路，36—37；sanitation，环境卫生，36—37，46f；transportation systems，交通系统，36，37—38

Jackson Park，杰克逊公园，8；Burnham cabin，伯纳姆小屋，60f，61—62；Burnham's lakefront proposal，伯纳姆的湖滨提案，24，26，30f，67，82；implementation of the *Plan*，《规划》的实施，141；re-landscaping，重塑景观，42。也参见 World's Columbian Exposition of

1893，1893年哥伦布世界博览会

Jacobs，Jane，雅各布斯，简，156—157，173

James R. Thompson Center，詹姆斯·R. 汤普森中心，162

Janin，Fernand，简宁，费尔南德，85，91，104—105f，116，170

Jenney，William Le Baron，詹尼，威廉·勒巴隆，56

Johnson，Elmer W.，约翰逊，埃尔默·W.，165

John Wanamaker department store（D. H. Burnham and Company），约翰·沃
    纳梅克百货商店（D. H. 伯纳姆公司），60

Jones，Mary Harris "Mother"，玛丽·哈莉丝·琼斯夫人，45

The Jungle（Sinclair），《丛林》（辛克莱尔），xvi—xvii，44

Kenna，Mike "Hinky Dink"，绰号"小怪物"的麦克·肯纳，51，77，128

Kennedy，John F.，肯尼迪，约翰·F.，156f

Kennedy Expressway，肯尼迪高速公路，138f

Kenneth Sawyer Goodman Theatre，肯尼斯·索耶尔·古德曼剧院。参见
    Goodman Theatre，古德曼剧院

Kingery，Robert，金格利，罗伯特，164

Kingery，Expressway，金格利，高速公路，164

Labor issues，劳工问题：children，童工，45f；manufacturing，制造
    业，43—44；response to the *Plan*，对《规划》的看法，126—127；
    strikes and violence，罢工与暴力，xvi，14，17—18，44—45；union
    membership，工会成员，44

lakefront，湖滨，24—33，162—163；Burnham park，伯纳姆公园，129；

Burnham's proposals for，伯纳姆的提案，24，26，30f，67，82；creation of the *Plan*，《规划》的创制，73，79，80，82；filling，填湖，42，67，141；implementation of the *Plan*，《规划》的实施，141—145，153—154；Lake Shore Drive，湖滨快速路，145f，146f；other recommendations，其他建议，162—163；parkway，景观路，143—145；recommendations of the *Plan*，《规划》方案，86；Richard J. Daley's plans，理查德·J. 戴利的各项规划，162

Lakefront Plan of Chicago，《芝加哥湖滨规划》，162

Lake Park，湖滨公园，24—33，67。也参见 Grant Park，格兰特公园

Lake Shore Drive，湖滨快速路，145f，146f，153f

Lakeside Press，莱克赛德出版社，85

Lake Street Elevated Railway，莱克街高架轨道公司，40

Land Ordinance of 1785，1785年《土地法令》，5

Lantern slides，灯箱幻灯片，31

Lawrence，Andrew，劳伦斯，安德鲁，113

L'Enfant，Pierre Charles，朗方，皮埃尔·夏尔，12—13

Life on the Mississippi（Twain），《密西西比河上的生活》（吐温），8

Lincoln Park，林肯公园，42，141，146f

Link Bridge，连接大桥，144—145

Little Calumet River，小卡吕梅河，39

London，伦敦，12

London Guarantee and Accident Building，伦敦保障与事故大厦，136f

Looking Backward（Bellamy），《回望》（贝拉米），16—17

the Loop Elevated Railroad，环线高架铁路，40，41f

Louis XIV，路易十四，11—12

MacMonnies，Frederick，麦克蒙尼斯，弗雷德里克，22f

MacVeagh，Franklin，麦克维，富兰克林，67—68，71—72

Magnificent Mile，华丽一英里区，135

Manila plan，马尼拉规划，23

Marshall Field department store，马歇尔·菲尔德百货商店，41f，60，115f

Mayer，Harold M.，梅耶，哈罗德·M.，5—6，8，171—172

McCormick，Edith Rockefeller，麦科米克，伊迪丝·洛克菲勒，147

McCormick，Joseph Medill，麦科米克，约瑟夫·麦迪尔，68，112—114，

McCormick Place，麦科米克区，153—154

McInerney，Mike，麦金纳尼，麦克，51

McKim，Charles F.，麦金，查尔斯 F.，22—23，62

McMillan，James，麦克米兰，詹姆斯，62

media coverage of the *Plan*，媒体对《规划》的报道，112—114，116

Meigs Field Airport，梅格斯·菲尔德机场，141，153f，154

Men Who Sell Things（Moody），《卖东西的人》（穆迪），119

Merchants Club，商人俱乐部，64—70，164；City Beautiful movement，
城市美化运动，67；Lake Park plan，湖滨公园规划，29；membership，
成员，65，71—72；merger with Commercial Club，与商业俱乐部的合
并，71；public contributions，对公益的贡献，65—66；speakers lists，
演讲人名单，65；support of the *Plan*，对《规划》的支持，69—70，
74—76

Merriam，Charles，梅里亚姆，查尔斯，76

Metro Joe，"地铁阿乔"，167

The Metropolis Plan: Choices for the Chicago Region，《大都市规划：芝
　加哥区域的选择》，166f

Metropolitan West Side Elevated Railroad，都市西区高架轨道公司，40f

Michigan Avenue，密歇根大道，124f，135f，136f；bridge，［高架］
　桥，137f，144，148；implementation of the *Plan*，《规划》的实施，
　134—135，135—137f；Magnificent Mile，华丽一英里区，135；*Plan*
　illustrations，《规划》插图，158f；promotion of the *Plan*，《规划》的
　推广，113—114，115f；recommendations of the *Plan*，《规划》的建议，
　80—81，106，traffic，交通，144

Michigan Avenue Improvement Association，密歇根大道改进协会，81

Midway Airport，中途机场，154

Millennium Park，千禧公园，24，148，149f，154

Monadnock Building（Burnham and Root），蒙纳德诺克大厦（伯纳姆和
　鲁特），57

Monroe Street，门罗街，150

Montauk Building（Burnham and Root），蒙淘克大厦（伯纳姆和鲁特），
　59f

Moody，Walter L.，穆迪，瓦尔特·L.，119—125，131—133

Moore，Charles 莫尔，查尔斯：biography of Burnham，伯纳姆传记，
　55f，60f，62，104—105，154—155，170；writing and editing of
　the *Plan*，《规划》的写作与编辑，74，84，103—110

Mumford，Lewis，芒福德，刘易斯，155—156，157，173

Municipal Improvement League，城市改进同盟，26，29

Municipal Pier，市政码头，141，142f，143f，154，162

Municipal Voters League，城市选民联盟，49，51

Museum of Science and Industry，科学与工业博物馆，20—21f，25，26

Napoleon Bonaparte，拿破仑·波拿巴，12

Napoleon III，拿破仑三世，12

Native American population，美洲土著人口，5

Navy Pier，海军码头。参见 Municipal Pier，市政码头

Nehemiah Day church services，尼希米日礼，131—132

Newberry Library，纽贝里图书馆，47，48f

newspaper coverage of the Plan，新闻报纸对《规划》的报道，112—
    114，116

New York City，纽约市，xv—xvi，60

Northerly Island，北岛，141，153f，154，155f

Northwestern Elevated Railroad，西北高架轨道公司，40

Northwestern University，西北大学，62

North-West Side Monthly Bulletin，《西北区每月公告》，115f

Norton，Charles D.，诺顿，查尔斯·D.，66；address to Chicago Plan
    Commission，对芝加哥规划委员会的讲话，117—118；creation of the
    Plan，《规划》的创制，66—69，73f，76，79—83；implementation
    of the Plan，《规划》的实施，148；move to Washington，D. C.，
    赴华盛顿特区任职，114；promotion of the Plan，《规划》的推广，
    113—114；publication of the Plan，《规划》的出版，85

Ogden，Mahlon D.，奥格登，马伦·D.，48f

Ogden Avenue，奥格登大道，137—138

O'Hare Airport，奥黑尔机场，38，154，156f

Old Settlers，"老定居者"，55

Olmsted，Frederick Law，奥姆斯特德，弗雷德里克·劳，8，9，101；design for Jackson Park，杰克逊公园设计，42；focus on functionality and beauty，聚焦功能与美化，19；World's Columbian Exposition，哥伦布世界博览会，19

Olmsted，Frederick Law，Jr.，小弗雷德里克·劳·奥姆斯特德，22—23

Olmsted Brothers Landscape Architects，奥姆斯特德兄弟景观建筑师事务所，25，27f

opposition to the *Plan*，对《规划》的反对，115f，125—128，155—159

Orchestra Hall（D. H. Burnham and Company），[芝加哥交响乐团大楼]管弦乐厅（D. H. 伯纳姆公司），47，60，63f

Outer Belt Commission，外环委员会，42，145—146

Palace of Fine Arts，美术宫，20—21f

Palmer，Bertha and Potter，贝尔莎·帕尔默和波特·帕尔默夫妇，145f

Panic of 1837，1837年经济危机，7—8

Paris，巴黎，11—12，13f，34，95，130

parks，公园，5，8，42—43，87，145—147，159；Brookfield Zoo，布鲁克菲尔德动物园，147；expansion by landfill，基于填湖的拓展，42，67；Forest Preserve District，森林保护区，146—147；implementation of the *Plan*，《规划》的实施，141—147；planning issues，规划问题，

36，42—43；recommendations of the *Plan*，《规划》的建议，86—87，100f，101，130；recreation and playground facilities，游憩和运动设施，24，25，42—43，66，102。也参见 Grant Park，格兰特公园；lakefront of Chicago，芝加哥湖滨

Pennsylvania Railroad，宾夕法尼亚铁路公司，140

Pericles，伯里克利，11

Perkins，Dwight H.，伯金斯，德怀特·H.，25

Pickett，M. B.，皮克特，M. B.，61f

Pine Street，派恩街，81，135。也参见 Michigan Avenue，密歇根大道

planning profession，规划行业，151—152

Planning the Region of Chicago（Burnham Jr. and Kingery），《芝加哥区域规划》（小伯纳姆和金格利），164—165

Plan of Chicago，《芝加哥规划》，xv，19，88f；authorship and revisions，著作权和修改，103—110；Axis of Chicago，芝加哥之轴，138—139，149—150，152；Burnham's ceremonial copy，伯纳姆献礼版，116—117；condensed versions，各种缩略版本，122—125；contents，内容，86—110；cover，封面，85，88f；"heart" metaphor，"心脏" 的比喻，95—98，162；iconic status，偶像地位，154—155；illustrations and photographs，插图和照片，34，73f，84—85，89f，90—94，96—97f，104f，157—159，166f；legal aspects，法律事宜，87；map，地图，3f；physical characteristics of the book，书的物理特征，85，87—91，11—12；Princeton Architectural Press facsimile edition，普林斯顿建筑出版社复制版，104，169；publication，出版，2，85；quality of street life，街道生活的品质，157—161；recommendations，建

议，86—87，99—103，105—106，130—147，152—155；sanitary reform，卫生改革，99—101；title page，标题页，90f；view of capitalism，对资本主义的看法，101；vision of urban experience，对城市生活的展望，94—98，102—103

political life of Chicago，芝加哥的政治生活：corruption and efforts at reform，腐败和改革的努力，49—52；endorsements of the *Plan*，对《规划》的背书，117—119；local power，地方权力，48—49，77；planning issues，规划问题，48—51。也参见 implementation of the *Plan*，《规划》的实施

pollution，污染，xvi，36，37f

population，人口：expulsion of Native Americans，驱逐美洲土著，5；growth in 1800s and early 1900s，1800年代和1900年代早期的增长，xv—xvi，1—2，7；immigration，移民，3—4，7；mobility，国内迁移，4；post-World War II racial migrations，二战后的种族迁移，159；segregation，种族隔离，164

Post Office，邮政局。参见 United States Post Office，美国邮政局

Powers，Johnny，鲍尔斯，约翰尼，51

Prairie Avenue neighborhood，草原大道街区，18

press coverage of the *Plan*，《规划》的新闻报道，112—114，116

promotion of the *Plan*，《规划》的推广，111—129，131—132，149—150；film，影片，125；fund-raising，筹款，119；lectures and slide shows，演讲和幻灯片展示，120—121f，122，170；Nehemiah Day church services，尼希米日礼，131—132；newspaper and magazine coverage，报纸和杂志的报道，112—114，125—128；opposition，反

对，115f，125—128；political endorsements，政治支持，117—119；
publications，出版物，122—125；rallies，集会，124f；release events，
发行活动，114—116；school edition，学校版，124—125，126f，132

Public article，《大众》杂志文章，127—128

Publication Committee，出版委员会，114—119

publicity，宣传。参见 promotion of the *Plan*，《规划》的推广

Public Works Administration，公共工程管理局，145

Pullman，George，普尔曼，乔治，15，26，56

Pullman model town，普尔曼模范市镇，6，15—16，16f

Pullman strike of 1894，1894 年普尔曼大罢工，14，16

railroad，铁路，xvi，5，63f；creation of the *Plan*，《规划》的创制，73，
79，80，83—84；freight terminals，货运站场，140；implementation
of the *Plan*，《规划》的实施，139—141；planning issues，规划问题，
36—37；recommendations of the *Plan*，《规划》的建议，86，100f

Railway Exchange Building（D. H. Burnham and Company），铁路交易大
厦（D. H. 伯纳姆公司），60，62，63f；D. H. Burnham and Company
offices，D. H. 伯纳姆公司办公室，73f，74；rooftop drafting rooms，
顶楼工作室，74，75f，77

Rand-McNally Building（Burnham and Root），兰德·麦克纳利大厦（伯纳
姆和鲁特），57

rapid transit lines，高速交通线，40—42

Real Estate Board，房地产理事会，77

recommendations of the *Plan*，《规划》的建议。参见 *Plan of Chicago*，《芝

加哥规划》

reform efforts，各种改革努力，xvi—xvii，165；City Beautiful movement，城市美化运动，14—15，19，22f，31，67，154；Hull-House settlement，赫尔之家社区，17，25；immigrant housing，移民住房，14；Progressivism，进步主义，12，147；Pullman model town，普尔曼模范市镇，6，15—16

regional planning，区域规划，138，164—67

Reliance Building（D. H. Burnham and Company），瑞莱斯大厦（D. H. 伯纳姆公司），59—60

The *Republic* statue（French），《共和》（弗兰奇），22f

Richard J. Daley Civic Center，理查德·J. 戴利市政中心161—62，163

Riis，Jacob，里斯，雅各布，14，65

Riverside suburb，里弗赛德郊区，8

roads and boulevards，道路和林荫道，5；creation of the *Plan*，《规划》的创制，73，80—81；funding，资金，124f，145；highway development，公路发展，138；implementation of the *Plan*，《规划》的实施，133—139；recommendations of the *Plan*，《规划》的建议，86—87，105—106；traffic congestion，交通拥堵，123f

Robinson，Theodore W.，罗宾逊，西奥多·W.，73f，117—118

Rome，罗马，11

Rookery Building（Burnham and Root），鲁克里大厦（伯纳姆和鲁特），57，58f，59f

Roosevelt Road，罗斯福路，153f。也参见Twelfth Street improvement，第十二街改造

Root，John Wellborn，鲁特，约翰·韦尔本，56—58，59f

Rush Street Bridge，拉什街大桥，135

Ryan Expressway，瑞恩高速公路，138f

Saint-Gaudens，Augustus，圣高登，奥古斯都，22—23，62

Sandburg，Carl，桑德伯格，卡尔，52—53

San Francisco plan，旧金山规划，23，62，68

Sanitary Canal，卫生运河，39，42

Sanitary District of Chicago，芝加哥卫生区，14，65，157

sanitation，环境卫生，xvi，39，159；planning issues，规划问题，36—
    37，46f；*Plan* recommendations，《规划》的建议，99—101

Santa Fe Building（D. H. Burnham and Company），圣达菲大厦（D. H. 伯
    纳姆公司），60，63f

Schaffer，Kristen，谢弗，克里斯汀，104—106，170—171

Schuyler，Montgomery，斯凯勒，蒙哥马利，19

Scott，John W.，斯科特，约翰·W.，73f，112—114，116

Scully，Thomas F.，斯卡利，托马斯·F.，134

Second Regiment Armory，第二团军械库，66

segregation，种族隔离，164

Seymour，H. W.，赛莫尔，H. W.，113

The Shame of the Cities（Steffens），《城市的耻辱》（斯蒂芬斯），49

Shedd，John G.，谢德，约翰·G.，73f，125，153

Shedd Aquarium，谢德水族馆，141，148，152—153，155f

Shepley，Rutan，and Coolidge，"谢普利、鲁坦与库里奇"公司，49f

Sheridan Road，谢里登路，138

Sherman, John B.，谢尔曼，约翰·B.，32，43，57

Sherman home（Burnham and Root），谢尔曼住宅（伯纳姆和鲁特），57

Sherman Park，谢尔曼公园，42—43

Simpson, James，辛普森，詹姆斯，132—133

Sinclair, Upton，辛克莱尔，厄普顿，xvi—xvii，44

Skokie Valley，斯科奇山谷，146

Snow, Bernard W.，斯诺，伯纳德·W.，118—119

Soldier Field，士兵体育场，141，152，153f，155f

An S-O-S to the Public Spirited Citizens of Chicago，《向有公共精神的芝
加哥市民求救》，132

South Park Commission，南部公园委员会，26，29，32，42，157

South Shore Drive and Waterway，南岸快速路与水路，30f

Special Park Commission，特别公园委员会，25，36，42，145—146，157

Sprague, A. A., II，小A. A. 斯普拉格，136—137

State of Illinois Center，伊利诺伊州中心。参见James R. Thompson Center，
詹姆斯·R. 汤普森中心

State Street Mall，斯塔特街购物中心，162

Steevens, George Warrington，斯蒂文斯，乔治·沃灵顿，38

Steffens, Lincoln，斯蒂芬斯，林肯，49

stockyard strikes of 1902 and 1904，1902年和1904年的屠宰场罢工，
44—45

Straus Building，施特劳斯大厦，63f

Street, Julian，斯特里特，朱利安，38

索　引

suburban growth，郊区发展，159

Sullivan，Louis，沙利文，路易斯，19，171

Survey article，《调查》上的文章，126

Swift，George B.，斯威夫特，乔治·B.，26

Taft，William Howard，塔夫脱，威廉·霍华德，60，116，128

A Tale of One City（film），《一座城市的故事》（电影），125

Taylor，Eugene，泰勒，尤金，122，132—133

teamsters strike of 1905，1905年车夫罢工，44—45

telephone service，电话服务，39

The Tenement Condition in Chicago（City Homes Association），《芝加哥租屋情况》（城市住房协会），45—46

Thomas，Theodore，托马斯，西奥多，60f

Thompson，William Hale "Big Bill"，绰号"大比尔"的威廉·海尔·汤普森，51，124f，133f，135f

Thorne，Charles H.，索恩，查尔斯·H.，73f

tourists' accounts，游客的记述，38

traffic circles，交通环道，13f

transportation，交通：airports，机场，141，154，156f；early planning，早期规划，5—6；implementation of the *Plan*，《规划》的实施，140—41；the loop，环线，40，41f；planning issues，规划问题，36，37—38；rapid transit lines，高速交通线，40—42；recommendations of the *Plan*，《规划》的建议，86—87，100f；shortcomings of the *Plan*，《规划》的不足，126—127；streetcars and trolleys，小汽车和

有轨电车，37f，39；streets and bridges，街道和桥梁，39；subway system，地铁系统，140—141，159；traffic circles，交通环道，13f；traffic congestion，交通拥堵，37f，37—38。也参见 railroads，铁路

Tribune Tower，《论坛报》塔楼，135，136—137f

Tuttle，Emerson B.，塔特，埃莫森·B.，73f

Twain，Mark，吐温，马克，8

Twelfth Street improvement，第十二街改造，133—134。也参见 Roosevelt Road，罗斯福路

Twenty Years at Hull-House（Addams），《赫尔之家二十年》（亚当斯），xvi—xvii

Union Elevated Railroad，联合高架轨道公司，40

Union League Club，联盟俱乐部，66

Union Station，Chicago，联合车站，芝加哥，139，148

Union Station，Washington，D. C.（D. H. Burnham and Company），联合车站，华盛顿特区（D. H. 伯纳姆公司），60

Union Stock Yard，联合货场，6，57

United States Post Office，美国邮政局，147—148，150，152f

University Club，大学俱乐部，66

University of Chicago，芝加哥大学，161

University of Illinois at Chicago，伊利诺伊大学芝加哥分校，138f，162

U.S. Army Corps of Engineers，美国陆军工程兵团，82

U.S. Commission of Fine Arts，美国艺术委员会，128

Wacker，Charles H.，瓦克，查尔斯·H.，137；Chicago Plan Commission，
芝加哥规划委员会，117，118f，119，122，124f，132—133，146，
147；creation of the *Plan*，《规划》的创制，73f；promotion of the *Plan*，《规
划》的推广，114—125

Wacker Drive，瓦克快速路，130，134，136—137

Wacker's Manual of the Plan of Chicago（Moody），《瓦克芝加哥规划手册》
（穆迪），123—125，132，167，169

Wade，Richard C.，韦德，理查德·C.，5，171—172

Wanamaker department store，沃纳梅克百货商店。参见John
Wanamaker department store，约翰·沃纳梅克百货商店

Ward，A. Montgomery，沃德，A. 蒙哥马利，24—26，141—142

Washington，Booker T.，华盛顿，布克·T.，65

Washington，D. C.，华盛顿特区，12—13；Federal Triangle plan，"联邦三角区"
规划，150；Lincoln Memorial plan，林肯纪念堂规划，128，62，68，
85；Mall plan，国家广场规划，22—23

Washington，George，华盛顿，乔治，12

Washington Park，华盛顿公园，8

waterworks，供水系统，5，39，159

Western Avenue，西大道，138

Western Society of Engineers，西部工程师学会，77

What of the City?（Moody），《我们的城市怎么样?》（穆迪），119—122，
135f

Wight，Peter B.，怀特，彼得·B.，26

William Weil's Chicago Band，威廉·威尔的芝加哥乐队，124f

Wilmette Harbor，威尔梅特港，39

Wilson, Walter H.，威尔逊，瓦尔特·H.，67—70，113，117

With the Procession（Fuller），《前进中》（富勒），9

Wobblies（IWW），世界产业工人联合会成员（IWW），45

Woodlawn Planning Committee，伍德朗规划委员会，160

World's Columbian Exposition of 1893，1893年哥伦布世界博览会，xvi，8，19，20—21f，22f；Court of Honor，荣誉广场，19，20—21f，22f，61f；cultural and intellectual gatherings，知识与文化会议，49f；Field Museum，菲尔德博物馆，20—21f，25；Museum of Science and Industry，科学与工业博物馆，20—21f，25；planning of，博览会的规划，58，65；Wooded Island cabin，伍迪德岛小屋，60f，61—62

World's Fair of 1933—1934，1933—1934年世博会，参见Century of Progress International Exposition of 1933—1934，1933—1934年进步世纪国际博览会

World War I，第一次世界大战，131

World War II，第二次世界大战，159

Wren, Christopher，雷恩，克里斯托弗，12

Wright, John S.，莱特，约翰·S.，7—8，10

Wrigley Building，箭牌大厦，135，136f

Yale University，耶鲁大学，62